世界科普
名著译丛

现代数学的概念
Concepts of Modern Mathematics

〔英〕伊恩·斯图尔特　著

张卜天　译

商务印书馆
The Commercial Press
创于1897

资助单位：  北京大学人文社会科学研究院
Institute of Humanities and Social Sciences
Peking University

《世界科普名著译丛》总序

　　科学是现代人认知世界最重要、最通行的途径，也是现代世界观的基础。它是认识一切现代思想行为最基本的参照系。不了解科学，就无法理解现代世界的运作方式，对种种现象也会感到茫然失措。在这个意义上，每一个现代人都应当了解起码的科学思想，具备基本的科学思维能力。学习科学绝非专属于理科生的任务，而是人文素养和通识教育必不可少的重要组成部分。

　　对于普通大众来说，要想了解科学，最方便可行、也最能给人以精神享受的途径大概是阅读一些优秀的科普作品。经典的科普名著能够深刻影响人的一生，而且不会很快过时。然而，现在市面上大多数科普作品要么是一些零碎科学知识的拼凑，从中看不出科学思想的任何来龙去脉和源流演变，要么总在讨论"人工智能""量子纠缠""大数据""区块链"等一些流行时髦的技术应用话题。许多读者尚不具备基本的科学知识，却急于求成，唯恐落后于时代，盲目追求所谓的时代前沿和未来趋势。为了迎合这种或多或少被刻意营造出来的欲望，市场上出现了许多过眼云烟、无甚价值的读物，全然不顾读者们的基础和适应能力。在出版市场的这种无序乱象背后，急功近利的心态和信息焦虑的情绪一目了然。

与国外相比，中国罕有特别优秀的科普作品。一个重要的原因就在于，中国的科学家往往习惯于把科学看成现成的东西，而不注重追根溯源。一本书读下来，读者能够学到不少客观的科学知识，但却置身事外、毫无参与感，根本认识不到那些科学观念是如何在一个个活生生的人那里，伴随着什么样的具体困惑和努力而逐渐演进的，更体会不到科学与历史、文化之间的深刻联系。然而，科学并不是在真空中成长起来的，每一步科学发展都有对先前的继承和变革。因此，科学普及应把科学放到具体的历史和文化中，正本清源地揭示出科学原有的发展历程。科普不仅涉及对科学知识的普及，更涉及对科学思想和科学文化的普及。

在笔者看来，当今大多数中国人最需要补充的科学内容仍然属于高中和本科水平。许多缺乏理科背景的人对相关内容其实很感兴趣，但面对着市场上鱼龙混杂的读物，选择起来无所适从。基于这种考虑，笔者不揣浅陋地接受了商务印书馆的邀请，着手主编这样一套《世界科普名著译丛》。本译丛以保证学术品味和翻译质量为前提，拟遴选一些堪称世界经典的科普名著，其内容既非过于粗浅，亦非过于高端，或者一味迎合流行趣味，而是能够生动活泼、正本清源地讲解科学思想的发展，使人获得精神上的享受，同时又能对科学技术有更深刻的反思。希望读者们在忙于用脑思考的同时，也能学会用心思考，从而更好地感受、领悟和热爱这个世界。

张卜天

清华大学科学史系

2018年6月3日

目 录

多佛版序言

《现代数学的概念》一书始于1971年在华威大学开设的一门校外课程，今天我们会称之为"继续教育"。考文垂的几十位市民每周都要聚在一起两个小时，学习当时英国所谓的"现代数学"和美国所谓的"新数学"，他们当中既有学生，又有退休的汽车工程师，不一而足。这种特殊风格的数学的新颖之处并不在于它的内容——其大部分内容至少已有一个世纪的历史——而在于它是在学校里讲授的。尼古拉·布尔巴基（Nicolas Bourbaki）——一个以法国数学家为主的匿名团体——在研究层面所推崇的抽象且一般的数学阐释风格正在被引入课堂。

这项引人注目的教育实验仍然存在争议。许多人认为它是一场彻头彻尾的灾难。我个人认为，其支持者混淆了数学的本质这个逻辑问题和如何最好地讲授数学这个心理学问题。这场运动既有很大的优点（例如，它认真尝试带领学校的数学走出黑暗时代），也有一些严重的缺陷，比如包含了一些与普通学生感兴趣的东西毫无关系的抽象概念。赞成引入新教学大纲的教育家与知道其中的内容有何实际益处的数学家之间几乎没有交流，这导致了一些奇怪的决定。

老师和家长们肯定觉得这些变化非常令人困惑，由此便有了这门课。其目的并不是讲授新的学校数学，也不是讨论引入它所涉及的问题，而是解释为什么背后的抽象观点会在数学研究者当中流行开来，考察它如何开启了全新的数学思想领域。抽象数学如果讲得好，可能深刻、强大、开拓眼界，如果讲得不好，则可能肤浅、晦涩、单调乏味。这门课旨在扬长避短。

"新数学"不再是一个重要的教育议题。其超出限度的内容已从课程中消除，正面贡献已被吸收。今天的议题已经有所不同——计算器和计算机所起的作用；西方的孩子不断涌入法律、会计、医学、广告等领域，从而对欧美的科学基础造成损害；实践技能与理论技能的平衡；微积分是否重要；等等。

尽管出现了所有这些变化，但《现代数学的概念》的核心主旨仍然和20多年前一样有效。数学领域要比大多数人想象的丰富得多，它用途广泛，功能强大，给人以乐趣。即使是其最无羁的幻想也有重要应用。最近，设菲尔德弹簧研究与制造协会的工程师莱恩·雷诺兹（Len Reynolds）使我明白了这一点。莱恩和我目前正在参与一个由贸易与工业部资助的联合项目，要将现代数据分析技巧（"混沌理论"）应用于弹簧的质量控制。

不错，是弹簧：床簧、汽车阀弹簧、卡车悬架，还有圆珠笔里的小弹簧。一根弹簧有什么混沌的？几乎一切！特别是，如果把线圈的间距测量得足够精确的话。金属线的可变性表现为线圈间距的可变性，这可能给弹簧制造商带来各种各样的麻烦。但传统的统计学无法查明导致问题的可变性有哪些类型，而旨在从看似随机的数据序列中提取样式的混沌理论却能做到这一点。

将新的数学技巧引入工业并非易事。一二十年前，所需的概念还没有进入典型工程师的课程表；事实上，现在它们大多数都不在教学大纲里。莱恩让我推荐一本关于集合论符号、函数和多维几何等话题的简明扼要的概略性导论。我告诉他"《现代数学的概念》，但已经绝版了"，并寄给他一份复印件。他设法找到了一本旧书，并顺便告诉我，供货方说这本书需求量很大，说得更准确些，该书随有随卖。我遂意识到，这本书也许值得重印。

下一步要做什么也就显而易见了。从亚瑟·凯莱（Arthur Cayley）的《椭圆函数》（*Elliptic Functions*）到雅克·阿达马（Jacques Hadamard）的《数学领域的发明心理学》（*The Psychology of Invention in the Mathematical Field*），我拥有多佛出版社重印的大量经典著作。我希望多佛能考虑给拙著同样的待遇。很高兴多佛出版社使我为非专业读者写的第一本书重见天日。我相信，它所传递的信息与20年前一样新鲜。

伊恩·斯图尔特
考文垂，1994年3月

第一版序言

以前，父母可以辅导孩子做家庭作业。学校数学的"现代化"已经使这变得不太可能：至少，家长必须学习许多让人不舒服的奇怪的新材料。我的一位老师朋友说，他的班级一直呼吁能"像爸爸妈妈过去那样"讲授真正的数学，这间接证明了孩子们的观点从何而来。很多老师也觉得这种新的数学很难掌握。

这很可惜。"现代数学"旨在鼓励人们**理解**数学，而不是盲目操纵符号。真正的数学家摆弄的不是数而是**概念**。

本书试图消除这些不安的情绪。一个人在面对未知的时候总是感到不安，而消除恐惧的最好办法就是看看这种未知的东西如何运作、做了什么以及为何这样做，从而习惯于它的本性，而不再感到不安。这不是一本"现代数学手册"，而是对现代数学的目标、方法、问题和应用的描述，是数学家的日常工具箱。

我宁愿假设读者不懂任何数学，但这里我不得不做出妥协。他需要懂一些代数、几何和三角学的知识，还有图的概念。我会尽量避免使用微积分；它偶尔会出现，但对论述来说并非必不可少。

最重要的是，要能接受新思想，有真正的求知欲。和任何有价值的学科一样，数学并不容易，但却值得学。数学是我们文化的一部分，如果不了解它是什么和做什么，任何人都不能认为自己是真正有教养的。尤其是，数学是人类发展出来的一门学科，有其自身的成功和失败，挫折和洞见。

让我开始吧。

第一章　数学概论

"现代数学的范围之广难以想象。"

——凯莱（A. Cayley），1883 年的一次演讲

我们的学校突然转到"现代数学"，可能使人产生这样的印象：数学已经失去了对其意义的控制，抛弃了所有传统思想，取而代之的则是对人可能没有任何用处的异想天开的古怪创造。

这幅图像并不完全准确。据保守估计，现在学校里讲授的"现代数学"的大部分内容已经存在了一个多世纪。在数学中，新观念从旧观念中自然地发展出来，随着时间的推移被逐渐吸收。然而在学校里，我们同时引入了许多新概念，而几乎没有讨论它们与传统数学的关系。

抽象性和一般性

现代数学的一个更加引人注目的方面是渐趋抽象。每一个重要概念都包含不止一个对象，这些对象具有某种共同的性质。一种抽象的理论推导出关于这种性质的推论，然后可将这些推

论应用于其中的**任何**对象。

例如，"群"这个概念可以应用于空间中的刚性运动、几何图形的对称性、整数的加法结构，或拓扑空间中的曲线变形。共同性质是，特定类型的两个对象结合可以产生另一个对象。两个相继进行的刚性运动产生一个刚性运动；两个数之和是一个数；两条曲线首尾相连形成另一条曲线。

抽象性和一般性是相辅相成的。一般性的主要优点在于省力。如果在一般条件下同一个定理一次就能得证，那么以不同的形式证明四次就没有意义了。

现代数学的第二个特点是它依赖于集合论语言。这种语言通常只是用符号表达的常识罢了。数学，尤其是当它变得更为一般时，对特定对象的兴趣要小于对整个对象集合的兴趣。5=1+4并不特别重要。任何$4n+1$形式的质数都是两个平方数之和，这一点很重要。后者谈论的是**所有**质数的结合，而不是某个特定的质数。

集合（set）仅仅是聚集（collection）罢了：我们用一个不同的词来避免与"聚集"一词相关的某些心理意味。[1]集合可以以不同的方式进行组合，产生其他集合，就像数可以（通过加法、减法、乘法⋯⋯）进行组合，产生其他数一样。关于算术运算的一般理论是**代数**，因此我们也可以发展出一种关于集合论的代数。

与数相比，集合有一些优点，尤其是从教学的角度看。

---

① 有人告诉我，在荷兰语中恰恰盛行相反的用法：现在在数学中使用的"set"一词，几个世纪以来一直被翻译成"collection"。

集合比数更具体。你不能把一个数拿给孩子看("我手里拿着数3"），但可以给他看若干个东西：3个棒棒糖，3个乒乓球。你会给他看一个关于棒棒糖或乒乓球的**集合**。虽然数学里感兴趣的集合并不是具体的——它们往往是数的集合或函数的集合——但集合论的基本运算可以通过具体材料显示出来。

对数学来说，集合论比算术更基本——尽管基本的东西并不总是最好的出发点——集合论思想对于理解现代数学是不可或缺的。因此，我在第四章和第五章讨论了集合。在那之后，我会自由地使用集合论的语言，不过我会尽量只使用初等的集合论内容。过分强调集合论**本身**是错误的：它是一种语言，而不是目的本身。如果你对集合论了如指掌，而对其他数学一窍不通，那么你对别人没有什么益处。如果你懂很多数学，但不懂集合论，你也许会取得很大成就。但如果你碰巧懂**一些**集合论，你对数学语言会有更好的理解。

3

直觉和形式主义

越来越大的一般性伴随着越来越严格的逻辑标准。欧几里得之所以现在受到批评，是因为他没有一个公理说，经过三角形内一点的一条线必定会在某个地方与这个三角形相交。欧拉对函数的定义，即"用手自由绘制的曲线"，将不承认适合于数学家们希望用函数做的数学，而且无论如何，它太过模糊不清。（什么是"曲线"？）在这种事情上，一个人可能会做得过头，用大量符号逻辑取代语词论证，并通过盲目应用标准技巧来检验有效性。如果走得太过（在这种情况下过犹不及），就会破坏理解，而不是帮助理解。

要求更大的严格性并不只是一时兴起。一门学科越复杂、越广泛，采取一种批判的态度就越重要。一位社会学家若想理解大量实验数据，就必须抛弃那些做得糟糕或者结论可疑的实验。在数学上也是如此。"显而易见"往往被证明是错误的。存在着没有面积的几何图形。根据巴拿赫（Banach）和塔斯基（Tarski）的说法，[①]可以把一个球体切成六块，然后将各个球块重新组装成两个球，**每个球的大小都和原来的球一样**。从体积上看，这是不可能的。但这些球块并没有体积。

逻辑严格性提供了一种约束性的作用，在不安全的情况下或者在处理复杂的问题时非常有用。有些定理大多数专业数学家都相信必定为真，但除非得到证明，否则就是未被证明正确的假设，而且只能被用作假设。

在证明某种不可能的东西时也需要特别注意逻辑。用一种方法不可能完成的任务用另一种方法也许可以轻松完成，因此需要非常仔细的说明。人们已经证明，一般的五次方程没有根

---

①　　参见 W. Sierpinski, *On the Congruence of Sets and Their Equivalence by Finite Decomposition*, Lucknow University Studies, 1954；以及 E. Kasner and J. Newman, *Mathematics and the Imagination*, Bell, 1949。

式解，①角不能用尺规三等分。这些都是非常重要的定理，因为它们意味着某些途径是不可能的。但要想确定这些途径确实是不可能的，我们必须非常谨慎地对待我们的逻辑。

不可能性证明是数学的典型特征。数学几乎是唯一能够确定其自身局限性的学科。它有时是如此痴迷于不可能性证明，以至于人们更感兴趣的是证明某种事情做不了，而不是弄清楚如何去做！如果自知是一种美德，那么数学家就是圣人。

然而，逻辑并非一切。任何公式本身都无法**暗示**某种东西。逻辑可以用来解决问题，但无法暗示应当解决哪些问题。没有人能把**意义**形式化。要想意识到什么东西是有意义的，你需要一定的经验，外加一种难以捉摸的品质——**直觉**。

我无法定义我所说的"直觉"是什么意思。数学家（或物理学家、工程师或诗人）正是出于直觉才这样做的。直觉赋予了他们对这门学科的"感觉"。有了直觉，他们无需给出形式上的证明就能**看出**某个定理为真，并且基于自己的眼光给出有效

① 要想得出多项式方程

$$a_n x^n + \cdots + a_1 x + a_0 = 0$$

的根式解，我们必须找到一个关于系数 a_0、a_1、……、a_n 的求根公式，它只使用加法、减法、乘法、除法和开方运算。一个例子是二次方程

$$ax^2 + bx + c = 0$$

的标准解，即

$$x = \frac{-b \pm \sqrt{(b^2 - 4ac)}}{2a}。$$

人们已经证明，一般五次方程不存在这样的求根公式。证明是通过伽罗瓦理论完成的，读者需要有良好的抽象代数基础。详情参见 *Galois Theory*, E. Artin, Notre Dame, 1959; *Introduction to Field Theory*, I. T. Adamson, Oliver & Boyd, 1964; 或 *Galois Theory*, Ian Stewart, Chapman & Hall, 1973。

的证明。

实际上，每个人都有一定程度的数学直觉。玩拼图游戏的孩子就有这种直觉。任何一个把全家的度假行李成功地装进汽车后备箱的人都有。培养数学家的主要目标应该是把他们的直觉转化成一种可控制的工具。

关于严格性和直觉的优劣短长，人们一直争论不休。这两个极端都没有抓住要点：数学的力量恰恰在于直觉与严格性的结合。受约束的天才，有灵感的逻辑。我们知道，有些聪明人的想法从来都不太管用，有些秩序井然的人则因为过分井井有条而从未做出任何有价值的事情。这些都是需要避免的极端情况。

图　　形

5　　　学习数学时，心理比逻辑更重要。我看过一些逻辑异常严格的讲座，但没有一个听众能听懂。直觉应当优先，我们稍后可以用形式上的证明来支持它。直觉上的证明可以让你理解为什么某个定理必定为真，而逻辑只是提供了可靠的理由来表明它是真的。

在接下来的各章中，我试图强调数学的直觉一面。我没有给出形式上的证明，而是试图概述其背后的思想。在理想情况下，一本合适的教科书应当兼顾两者，但很少有教科书能够达到这一理想。

一些数学家（也许有10%）用公式思考，他们的直觉体现在公式中。其余的人则用图形来思考，他们的直觉是几何式的。

图形所承载的信息要比文字多得多。多年来，学校并不鼓励学生画画，因为"图形不够严格"。这是一个严重的错误。诚然，图形并不严格，但它们对思考是必不可少的帮助，任何人都不应拒斥任何能够帮助他更好地思考的东西。

为什么?

做数学有很多理由，任何理解这一点的人都不大可能在读下一页之前要求证明数学的存在是合理的。数学美妙，激发思想，甚至有用。

我打算讨论的主题大都来自纯数学。纯数学的目标不是实际应用，而是智力的满足。在这方面，纯数学类似于美术——几乎没有人会要求一幅画应当有用。（与美术不同，数学一般承认批评标准。）但引人注目的是，纯数学**是**有用的。我举个例子。

在19世纪，数学家们花了大量时间精力来研究**波动方程**，也就是由弦或流体中的波的物理性质所产生的偏微分方程。尽管有物理上的起源，但这是一个纯数学问题，没有人能想到它对于波有什么实际用途。1864年，麦克斯韦提出了一些方程来描述电现象。对这些方程进行简单的操作就能得到波动方程，这使麦克斯韦预言了电波的存在。1888年，赫兹在实验室探测到了无线电波，从而用实验确证了麦克斯韦的预言。1896年，马可尼实现了首次无线电传输。

这一系列事件是纯数学变得有用的典型方式。首先是纯数学家为了好玩而摆弄某个问题；然后是理论家运用数学，但不试图检验他的理论；接着是实验科学家确证理论，但没有发展出它的任何用途；最后是实干家把商品送至等候已久的世界。

在原子能、矩阵理论（用于工程学和经济学）或积分方程的发展过程中，事件的顺序也是如此。

让我们看看时间尺度。从波动方程到马可尼：150年。从微分几何到原子弹：100年。从凯莱第一次使用矩阵到经济学家使用矩阵：100年。积分方程用了30年时间才从被柯朗和希尔伯特变成一种有用的数学工具发展到在量子理论中变得有用，而又过了很多年，量子理论才有了实际应用。当时没有人意识到，关于积分方程的数学会在一个世纪或更久之后被证明是不可或缺的！

这是否意味着，所有数学，无论现在看起来多么不重要，都应该得到鼓励，因为它有些微的可能性在2075年成为物理学家们碰巧需要的东西？

波动方程、微分几何、矩阵、积分方程，所有这些东西在第一次提出时就被认为是重要的数学。数学有一个相互关联的结构，一个部分的发展常常会影响到其他部分：这便导致某些数学内容被认为是"核心"，而重要的问题就在这个核心。甚至连全新的方法也通过解决核心问题来证明其重要性。后来被证明有实际用途的数学大都来自这个核心区域。

数学直觉胜利了吗？或者是否任何被认为不重要的数学都不会发展到**可能**有用的程度？我不知道。但可以肯定的是，被数学家一致认为琐碎或不重要的数学将**不会**被证明是有用的。研究"广义左拟堆"（generalized left pseudo-heaps）这样晦涩而偏狭的理论绝不会把握未来的关键。

　　然而，一些非常漂亮和重要的数学在实践中也被证明是无用的，因为现实世界并不是这样运作的。某位理论物理学家基于非常一般的数学理由推导出了宇宙半径公式，从而为自己赢得了很高的声誉。这个公式令人印象深刻，其中夹杂着若干个e、c、h，此外还有几个π和$\sqrt{}$。作为理论家，他从未费心用数值求出它。几年以后，才有人有足够的好奇心将这些数值代进去，得出答案。

　　10厘米。

第二章　没有运动的运动

"几何学家：一种毛毛虫。"

——旧字典

几何学是人类最强大的思维工具之一。视觉支配着我们的感知，而几何直觉在很大程度上是视觉的。在几何学中，经常可以（非常字面地）**看到**发生了什么。根据图1，毕达哥拉斯定理几乎变得显而易见。

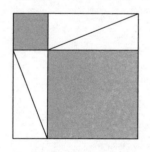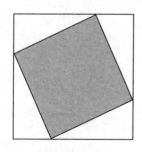

图1

此外，只要稍加注意，这幅图所唤起的直觉感受就可以变成一个在逻辑上令人满意的数学**证明**，证明这个定理为真。由于诉诸了直觉，这是一个很有说服力的证明。

欧几里得式的几何学（直到最近，大多数人还只遇到过这一种几何学）则避开了图形论证，而是支持一种生硬的、本质上**代数的**（即符号操作的）推理，这种推理基于三角形全等的概念，并且附带地将所有几何学概念都归结为三角形的性质。

全等的概念很直观：如果两个三角形有相同的形状和大小，则它们就是全等的。但孩子们经常发现很难用全等三角形来证明定理。欧几里得书中第一个"难以对付的"定理是一块臭名昭著的绊脚石，因为对它的证明中耍了全等三角形的复杂把戏。9（还有其他问题：在19世纪50年代，学生们不仅要重复欧几里得的证明，还必须在他们的图中使用相同的字母！）

碰巧，欧几里得有几个很好的理由继续下去。一个难以抗拒的理由是希望通过严格的逻辑论证，从少数几个简单的基本原理发展出所有几何学。诚然，后世发现了逻辑上的漏洞，但这些漏洞是可以填补的。然而，大多数孩子并没有认识到逻辑证明的必要性。在任何一个数学阶段，一个人对"逻辑上严格"的定义往往会归结为"它让我信服"，尽管专业的逻辑学家要费很大的气力才能说服他！数学教育的一个实质性的部分就是揭示看似令人信服的论证中的缺陷，并且向学生表明，他不应被这些论证说服。若想教孩子们几何，我们要么寻求**他们**认为可接受的证明，要么准备花大量时间改进他们的批判能力；在后一种情况下，逻辑课程也许要比几何课程更有帮助！

但是，给孩子看一个后来被证明完全错误的**仅仅**令人信服的证明会适得其反。长期的影响将是困惑和不信任。我们需要思考如何让孩子们相信某些定理为真，**之后**再用逻辑证明补全。

上面关于毕达哥拉斯定理的图就是我所说的意思。在它们能够变成一个严格的证明之前，我们不得不研究"面积"的概念。

换句话说，**数学**应当反映**直觉**。

欧几里得（不论他是谁）当然有很强的几何直觉，否则他的书永远也写不出来。但他没有正确的数学工具来直接表达直觉概念，于是他非常巧妙地求助于全等和其他工具。19世纪的数学发展现已提供这样的工具，所涉观念已经深入到各所学校，并以"变换几何学"或"运动几何学"之名被纳入"现代数学"课程。

10 翻转欧几里得

上面提到的"欧几里得书中第一个难以对付的定理"是一个关于等腰三角形的定理：**等腰三角形的底角相等**。我想先给出欧几里得对这一定理的证明。与学校几何学中通常给出的证明不同，它并没有使用与底边中点相关的任何构造。这是因为，欧几里得试图证明它时，尚未证明线有中点，因此不能使用这个概念。

在图2中，延长AB到点D，延长AC到点E，使AD=AE。然后作直线DC和EB。欧几里得的论证如下：

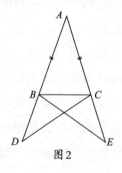

图2

（1）三角形 *ACD* 和 *ABE* 全等（两边和夹角）。

（2）因此 $\angle ABE = \angle ACD$。

（3）因此 *DC=EB*。

（4）因此三角形 *DBC* 与 *ECB* 全等（三边）。

（5）因此 $\angle DCB = \angle EBC$。

（6）由（5）和（2），相减可得所要求的 $\angle ABC = \angle ACB$。

如果我们就论证的主要过程画一种连环漫画，则证明步骤可能
看起来更加易懂，如图3所示。 11

12

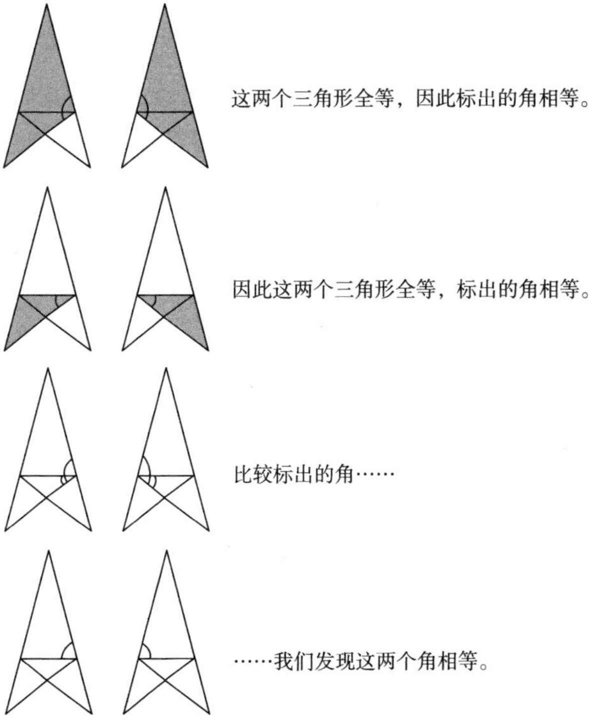

这两个三角形全等，因此标出的角相等。

因此这两个三角形全等，标出的角相等。

比较标出的角……

……我们发现这两个角相等。

图3

引人注目的是（尤其是在连环漫画中），所有事物都**成对**出现。边 AB 在左边，边 AC 在右边，它们是相等的；三角形 ACD 在左边，三角形 ABE 在右边，它们是全等的；……最后，$\angle ABC$ 在左边，$\angle ACB$ 在右边，它们是相等的，定理得证。

这强烈暗示，如果能找到一种把右变成左和把左变成右的方法，那么一切都会显而易见。证明迫切需要这样一种处理。但如何才能做到呢？

这么说吧，答案很简单：**把三角形翻过来**。如果你用硬纸板做一个等腰三角形，围绕它画线，然后把它翻过来，你会发现它正好合上。我们不做实验就可以论证说：如果我们把它翻过来，使 A 保持在原来的位置，AC 沿着旧直线 AB，那么由于角 A 沿任何方向测量都是一样的，所以 AB 现在沿着旧直线 AC。由于距离 AB 等于距离 AC，C 的新位置是 B 的旧位置，B 的新位置是 C 的旧位置，所以 B 和 C 改变了位置。但现在一切都已确定，所有边都重合；新的 $\angle ACB$ 位于旧的 $\angle ACB$ 上，所以两者相等。

反对运动的论证

道奇森（C. L. Dodgson）在一本数学著作中[①]记录了如下对话：

---

① C. L. Dodgson, *Euclid and His Modern Rivals*, Macmillan, London, 1879, p. 48.

米诺斯：有人提出，为了证明这个定理，可以把等腰三角形翻过来，再将它置于自身之上。

欧几里得：这太荒谬可笑了，在一部严格的哲学论著中怎么值得一提？活脱脱是一个自相矛盾的人。

米诺斯：我想它的辩护者会说，它被认为留下了自己的痕迹，那个翻转的三角形被置于如此留下的痕迹之上。

这消除了对我们程序的一个可能反驳。但还有一个更深刻的反驳，这对于古希腊人来说似乎特别难以克服：考虑到芝诺悖论，整个运动概念都显得可疑。这很可能是欧几里得转向更安全的全等论证的原因。 13

芝诺列出了四个悖论。这里用一个悖论便足以说明其一般意味。① 为了从点 A 移到点 B，首先必须移到中间的点 C。但是在移到点 C 之前，必须移到点 A 和点 C 之间的点 D。而在移到点 D 之前，必须……看来，运动永远也无法开始！

这里的问题并不像看上去那么简单，古希腊人很清楚这个事实。因此，任何涉及运动的逻辑证明都会被视为一个缺陷。当然在现实世界中，物体**的确**在运动，但诉诸实验证据并不构成证明。

---

① 其余悖论可参见 F. Cajori, 'The History of Zeno's Arguments on Motion', *American Mathematical Monthly* 22, 1915；E. Kasner and J. Newman, *Mathematics and the Imagination*, Bell, 1949, 以及 Russell, *Mysticism and Logic*。

对运动的修正

事实上，我们将通过认真地重新表述自己的思想来彻底避开芝诺悖论所引出的问题。

将你的硬纸板三角形翻过来，放回原处。这与上上节关于翻转三角形的证明有关吗？如果你快速地翻动它，挥动它，或者伴着《蓝色多瑙河》华尔兹在房间里跳舞，情况有什么不同吗？如果你走出家门，乘火车去利物浦，搭顺风车回家，**然后**把它放下，情况又会怎样？

只要三角形被放回原来的位置，那么在此期间它处于什么位置就没有任何关系。事实上，它不需要去任何地方：挥动魔杖，它就会从一个位置猛然移到另一个位置。更准确地说，由于在此期间它的位置不造成任何区别，所以我们不需要讨论在此期间它去了哪里，因此也不需要认为它去了任何地方。我们只需要知道三角形的每一个点终止于哪里。

14　　　为此，我们必须有一种标记三角形各点的方法，最简单的方法是把平面上的所有点一次性地标记出来，这样我们就不必对新图再次做所有事情。我们用什么方式来标记原则上是无关紧要的，但坐标几何提供了一种特别方便的方式：欧几里得平面上的每一个点都由它相对于某个选定的坐标轴的坐标 (x, y) 来标记。

为明确起见，假定我们的坐标轴以厘米为单位进行划分。假设我们想右移5厘米，那么给定的点 (x, y) 终止于哪里呢？

这可以由图4计算出来。y坐标显然没有变化，而x坐标增加了5。(x, y)右边5厘米的点是$(x+5, y)$。

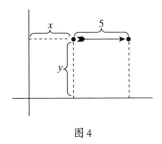

图 4

现在请注意，(x, y)实际上根本没有移动。看看点$(2, 3)$，然后看看点$(7, 3)$。$(2, 3)$移动了吗？对于我们的标记系统来说，平面各点静止**不动**是至关重要的。真正移动的是我们的注意力。**如果**一个三角形的各个顶点位于$(1, 1)$、$(2, 1)$和$(1, 4)$，它向右移动5厘米，则它的各个顶点将位于$(6, 1)$、$(7, 1)$和$(6, 4)$，如图5所示。

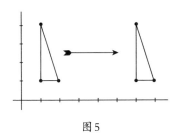

图 5

我们现在拥有的不是一个三角形，而是两个三角形，一个在另一个右边5厘米。通过把注意力从一个转移到另一个，我们**不作任何实际运动**即可实现与作运动相同的结果。（顺便说一句，这有助于解释米诺斯的想法，即三角形会留下"痕迹"：事实上我们做得更多，留下了整个三角形！）

我们注意力的改变方式可以这样来指定：

$$(1, 1) \to (6, 1)$$
$$(2, 1) \to (7, 1)$$
$$(1, 4) \to (6, 4)$$

一般地，

$$(x, y) \to (x+5, y)。$$

我们引入一个符号，比如 T，它的意思是"右边 5 厘米处的点"。于是

$$T(1, 1) = (6, 1)$$

理解为："$(1, 1)$ 右边 5 厘米处的点是 $(6, 1)$"。一般地，

$$T(x, y) = (x+5, y) \qquad (\dagger)$$

理解为："(x, y) 右边 5 厘米处的点是 $(x+5, y)$"。

这个新符号 T 实现了与指令"向右移动 5 厘米"相同的目标。但它实际上没有移动任何事物。它只是告诉我们，如果事物真的移动了，它们会到哪里。此外，关于 T，我们需要知道的一切都包含在公式（†）中，这个公式可以当作 T 的**定义**，事实上可以当作"向右移动 5 厘米"的定义。

像 T 这样的东西被称为平面的**变换**。如果对于每一个点 (x, y)，我们都知道 $F(x, y)$ 是哪个点，则变换 F 被认为是已知的。我们可以用一个像（†）这样的公式来指定它，但任何找到 $F(x, y)$ 的明确方式都可以。每一个（直观意义上的）运动都对应于一个变换 F，使得

$$F(x, y) = (x, y) \text{ 上的对象所移向的点}。$$

这些变换的好处是，虽然受到了运动观念的**促动**，但它们并没有明确涉及运动观念，从而避免了芝诺悖论的影响。通过使用变换，我们可以创建这样一种数学，这种数学可以对"把三角形翻过来，置于它自身之上"做出合理解释，而没有逻辑陷阱。

刚　　性

查明哪些变换对应于给定的运动是有益的。例如，"相对于 x 轴的反射"这一运动对应于变换 G，使得

$$G(x, y) = (x, -y)，$$

"沿顺时针旋转90°"对应于变换 H，使得

$$H(x, y) = (y, -x)。$$

由图6和图7很容易理解这些结论。

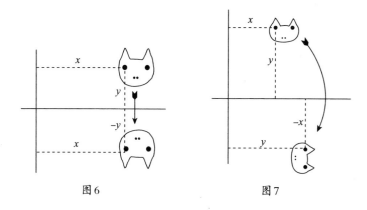

图6　　　　　　　　　　图7

反过来，我们可以查明什么样的运动对应于给定的变换。

例如，如果 K 满足

$$K(x, y) = (x+3, y-2),$$

则相应的运动将使每一个事物右移3厘米，下移2厘米。

更复杂的变换可以通过标出几个点的去向加以研究。例如，如果

$$J(x, y) = (x^2, xy),$$

则可以计算出：$J(1, 1) = (1, 1)$，$J(2, 3) = (4, 6)$，等等，并将得到的点在图纸上标出。这个特定的变换将把顶点为 $(1, 1)$、$(1, 3)$、$(3, 1)$ 和 $(3, 3)$ 的正方形变成图8所示的形状。

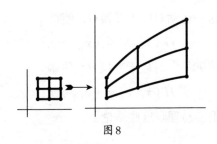

图8

18　　　　因此，这个变换 J 使形状发生了扭曲和变形。这并不是我们在几何学中通常想要的那种变换。如果物体可以拉伸和扭曲，那么所有三角形都将是可互换的，不会有任何有趣的结果。

我们需要的那种坐标几何变换对应于**刚性**运动，也就是不改变形状或尺寸的运动。如果等腰三角形在翻转时改变了形状，那么我们关于等腰三角形的论证就不成立了。上述变换 G、H、K 对应于刚性运动，但 J 不是。

刚性运动的本质是它不拉伸或收缩任何东西。任何两个点都不会靠得更近或离得更远。换句话说，点与点之间的距离总

是保持相等。对此，我们可以取欧几里得平面上的坐标，用代数来表达它。根据毕达哥拉斯定理，在坐标几何中，两点 (x, y) 和 (u, v) 之间有一个距离公式：

$$\sqrt{\left[(x-u)^2+(y-v)^2\right]}。$$

如果变换 F 使得

$$F(x, y) = (x', y')$$

$$F(u, v) = (u', v')$$

那么 $F(x, y)$ 与 $F(u, v)$ 的距离是

$$\sqrt{\left[(x'-u')^2+(y'-v')^2\right]}。$$

因此，不论我们选择哪些点 (x, y) 和 (u, v)，只要两个距离总是相等，F 都对应于一个刚性运动。平方可得，对于所有 (x, y) 和 (u, v)，都有

$$(x-u)^2+(y-v)^2=(x'-u')^2+(y'-v')^2。$$

变换 F 对应于一个刚性运动，当且仅当它满足这个方程。如果愿意，我们可以将刚性运动**定义**为这样一个 F，从而将形式概念等同于直观概念。

事实上，通过摆弄这个方程，我们可以对刚性运动做出更简单的刻画。不过，这将偏离我们的主题。我想说的是，可以把刚性运动明确指定为一种特殊类型的变换。

平移、旋转、反射

我们现在来看三种特殊的刚性运动。**平移**（或滑动）将每个点沿一个固定的方向移动一段固定的距离（图9）。

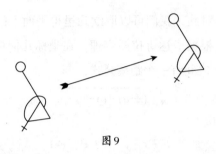

图 9

旋转：固定一点 P（旋转中心），让每个点围绕 P 移动固定角 θ，如图 10 所示。

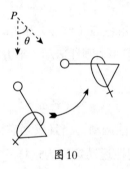

图 10

反射：选择一条直线 l，将平面上的点像在沿这条直线放置的镜子中一样进行反射（图 11）。

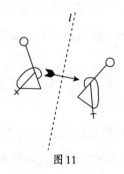

图 11

利用坐标几何，我们很容易得出相应的变换。例如，围绕　20
原点旋转角 θ 给出了变换 R，其中

$$R(x, y) = (x\cos\theta - y\sin\theta,\ x\sin\theta + y\cos\theta)。$$

由这些变换的公式，我们还可以凭借直觉验证各种性质：它们的确给出了刚性运动，先旋转 θ 再旋转 φ 给出了旋转 $\theta + \varphi$，等等。

我们之所以挑选出这三种运动，是因为它们似乎涉及截然不同的原理。每一种的形式都非常简单，相应变换的表达式也是如此。我们不再挑选其他类型的刚性运动，因为平面的每一个刚性运动都可以通过一系列平移、反射和旋转得到。如图 12 所示。

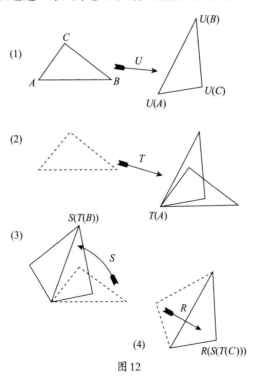

图 12

（1）我们从三角形 ABC 和任意刚性运动 U 开始。

（2）通过平移 T，可以使 $T(A)$ 和 $U(A)$ 重合。

（3）然后围绕点 $U(A)$ 旋转 S，使 $T(B)$ 与 $U(B)$ 重合。

（4）最后，相对于 $U(A)U(B)$ 线的反射使 $S(T(C))$ 与 $U(C)$ 重合。

22　　（当然在某些情况下，我们可能不需要其中某个步骤。）

我们这里使用了一个三角形。由平面的二维性可以推出，任何刚性运动都可以由它对（非退化）三角形的影响来唯一指定，因此只考虑三角形就够了。我们已经证明，平面的任何刚性运动都可以相继通过平移、旋转和反射（可能省略一些步骤）而得到。

显然，只有当运动把图形翻转过来时才需要反射。因此，一个让所有事物始终保持同一方向的运动可以通过平移加旋转而得到。（通过进一步分析，还可以得出更多结论。）假定我们相对于（可能）不同的直线作两次反射。第一次反射把事物翻转过来，第二次反射又把事物翻转过去，因此前后这两次反射使事物保持原来的方向。这意味着，双重反射的结果与平移加旋转相同。这一事实远远没有我们提到的几个事实显而易见，但从我们的工作中不难看出。

上述结果可以表达如下：如果 U 是某个刚性运动，则存在平移 T、旋转 S 和反射 R，使得对于任何一点 $X=(x, y)$，都有

$$U(X) = R(S(T(X)))。$$

（通常需要一个附加条件，即在某些情况下可以省略 R、S、T 中的任意一个。）还有一套符号更为简洁。给定两个变换 E、F，

我们可以这样来定义 EF：

$$EF(x, y) = E(F(x, y))。$$

如果 E 对应于一个刚性运动（我们也称之为 E），F 对应于一个刚性运动（F），则 EF 对应于运动"先做 F，再做 E"。这是因为在计算 $E(F(x, y))$ 时，我们先算 $F(x, y)$，**然后**算它的 E。遗憾的是，运动是以错误的顺序出现的；[①]类似的现象也出现在计算 $\log \sin(x)$ 时，我们先算 $\sin(x)$，然后取对数。

之前我们有两个刚性运动，分别产生了变换 G、H，使得

$$G(x, y) = (x, -y)$$

$$H(x, y) = (y, -x)$$

我们对 GH 的计算如下：

$$\begin{aligned} GH(x, y) &= G(H(x, y)) \\ &= G(y, -x) \\ &= (y, x)。 \end{aligned}$$

（请注意，对于最后一行，必须记住符号 x 和 y 是完全任意的：我们同样可以指定 $G(u, v) = (u, -v)$，然后用 y 替换 u，用 x 替换 v。）

如果作一幅图（图13），我们就可以看到，这对应于相对于对角线 $y=x$ 的反射所得到的刚性运动。

---

　　① 　一种解决办法是把变换写在右边，比如 $(X)T$ 或 XT。然后我们可以定义 (X) $EF = ((X)E)F$，则所有事物都会按顺序排列：EF 的意思是"先做 E，后做 F"。这需要一点时间来适应（尽管存在着先例，比如用 $n!$ 来表示阶乘）。数学家经常使用这种方法。

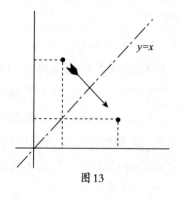

图 13

我们把对应的变换称为 D，于是

$$D(x, y) = (y, x)。$$

这样我们就表明了，

$$GH(x, y) = D(x, y)$$

对于**任意**一点 (x, y) 都成立。最合理的做法似乎是把它理解成

$$GH = D。$$

如果回到相应的运动和实验，你会发现这个方程是成立的。如果顺时针旋转 90°，然后相对于 x 轴反射，那么结果和相对于直线 $y=x$ 的反射是一样的。因此，我们的计算和实验是一致的。

24　　　如果计算的不是 GH，而是 HG，则我们有

$$HG(x, y) = H(G(x, y))$$
$$= H(x, -y)$$
$$= (-y, -x),$$

这对应于相对于另一条对角线 $y=-x$ 的反射。请注意，$GH \neq HG$。事实上，没有理由认为 GH 和 HG **应该**相等；无论如何，

这个例子表明它们不必相等。因此必须注意，EF的意思是"先F后E"还是反过来。

现在可以把我们的方程改写成非常简单的形式：

$$U=RST。$$

我们可以定义一个"积"EF，这暗示变换可能有一种"代数"。在一个方向上，这种想法引出了线性代数，我们将在第十五章进行讨论。在另一个方向上，它引出了群论（第七章）。

回到那个定理

我们的讨论已经有些偏离了本章开篇的等腰三角形，但我们现在已经建立了使"翻转"证明变得合理所需的机制。对于已经熟悉变换操作的人来说，单单有这个说明就够了。如果更谨慎一些，我们应当这样来论证：

存在一个变换T，对应于相对于$\angle BAC$平分线的反射。由于刚性运动使距离保持不变（因此也使角度保持不变），所以$T(A)=A$，$T(B)=C$，$T(C)=B$。于是对$\angle ABC$应用T，得到$\angle ACB$。由于角的大小不变，我们有

$$\angle ABC=\angle T(A)T(B)T(C)=\angle ACB，$$

这就是我们要证明的。

一旦你习惯它，这实际上比欧几里得的证明更容易理解；数学的论证思路和"把它翻过来"这一直觉想法是一样的。

现在我们可以用变换这一概念来讨论刚性运动，而不让芝诺的幽灵盘桓不去。这为几何学的许多标准定理提供了简化证

25

明的新方式。举两个例子：

（1）**如果一个三角形的两个角相等，则此三角形是等腰三角形。**

设三角形为 *ABC*，角 *A* 与角 *B* 相等。相对于过 *AB* 中点的垂线进行反射。初看起来，我们期望得到一幅像图14一样的图像。

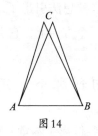

图14

但角 *A* 与角 *B* 相等意味着反射的三角形恰好位于未反射的三角形之上，所以 *AC* 等于 *BC*。因此三角形是等腰的。

（2）**圆的等弧夹等弦。**

设 *A*、*B*、*X*、*Y* 是圆心为 *O* 的圆上的点，弧 *AB*（在长度上）等于弧 *XY*，如图15所示。

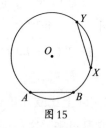

图15

26　　　围绕 *O* 旋转图形，使 *A* 落在 *X* 上。由于弧长相等，*B* 落在 *Y* 上，所以弦 *AB* 落在弦 *XY* 上，两者相等。

　　你现在应该能够想出可以用我们的方法证明的其他几何定理了。当然，要对整个几何学实施这样一种纲领，需要在建立基本概念方面做更多的工作，并非每一条几何定理都是刚性运动性质的**直接**推论。事实上，那些直接推论变得本质上毫不重要，我们可以把注意力集中在不那么直接的几何性质上。使用刚性运动可以帮助我们从大量琐碎的结论中筛选出真正有趣的东西。

第三章　高等算术的捷径

> "数学家的一个可爱之处是，他们会尽量避免做任何实际的工作。"
>
> ——马修·波德吉（Matthew Pordage）

原始人对于数的意识很可能来源于希望记录生活中的重要事物。我有多少羊/箭头/妻子？距离春汛还有多久？这些问题把注意力集中在对1、2、3……进行计数上，尽管出现"数"这个抽象概念要比实际运用这种想法晚得多。两只羊和两个妻子有某种共同之处，即"二性"，这一点绝非明显，很小的孩子虽然认识不到它，却能区分一只羊和两只羊。

除了这些自然数（计数数），其他社会又根据各自的需求增加了另一些数。印度人发明了零。人们还引入分数来处理被分成若干份的材料。负数出现了；然后产生了**整数系**：……，-3，-2，-1，0，1，2，3，……；和负分数，产生了对于整数 p、q 的**有理数** p/q，例如 1/2，17/25，-11/292。希腊几何学和微积分的需要产生了**实数**——包括像 $\sqrt{2}$ 这样不能用有理数表示的数——而在试图解代数方程时，则通过坚称-1应该有并且假设有平方根而产生了神秘的**复数**。

在这一发展过程中的每一个阶段，都有关于这些新奇事物究竟是否**是**数的大量思想争论。

所有这些数组成了一个宏大结构（图16）。

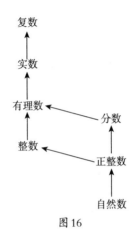

图 16

这里的箭头表示箭头顶部的数系包含尾部数系的所有数，以及一些额外的数。

此外，在每一个数系中都可以做"算术"。这些相似之处有 ²⁸ 助于解释为什么"数"这个词总是依附于其中每一个系统的对象。整个发展过程本质上的随意性被遗忘，"数"获得了一种类似于神圣启示的性质。

这些系统中的任何一个数都不存在于现实世界。我在旅行中没有遇到过2这个**数**。我遇到**过**2只羊，就我当时所知，它们的行为与2这个数的数值特性是一致的，但我从未遇到过2这个数本身。现实世界的某些性质可以用数来描述，数是源于现实世界行为的抽象建构。

不同的物理情况需要不同的数学描述。要想数出一个人有多少个妻子，我们只需要自然数；要想称量金子，我们需要分数。一位希腊几何学家想知道等腰直角三角形的斜边长，此时他需要 $\sqrt{2}$ 这样的数。一位文艺复兴时期的数学家在解三次方程时发现了 $\sqrt{-1}$ 的用处。

29　　由于历史的偶然和人类的心理，有很多重要的数学系统并没有**被称为**"数"，但产生它们的情况和产生那些"数"系的情况一样实际。它们常常具有与"数"相同的性质，甚至可以用来研究数。数与非数的区分是任意的，就像相信"数"是神赐予的一样虚幻。

小规模的算术

有一个特别有趣的数学系统，有时被称为**模算术**。[①]这样一个系统出现在事件以循环方式多次发生的任何情况下：一天的各个小时，一周的各天；或者角度测量，其中 360° 等于 0°，361° 等于 1°，以此类推。

假设我们从星期日开始，从 0 到 6 数一周各天，如图 17 所示。

---

① 这个短语似乎仅限于"现代数学"教科书。

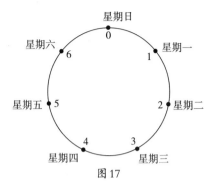

图 17

　　如果我们继续编号，第 7 天又是星期日，第 8 天是星期一，第 9 天是星期二，……。在某种意义上，我们可以说 7=0，8=1，9=2，……。当然，这里的 "=" 并没有它通常的含义！我们也可以反过来算：–1 天是星期日的前一天，也就是星期六，因此 –1=6；类似地，–2=5。整个整数系围绕着一周各天的圆展开，大致如图 18 所示。

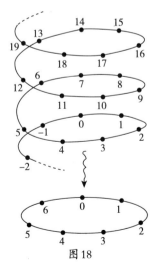

图 18

不难给出一个数落在一周哪一天的一般标准：

星期日：……，-14，-7，0，7，14，……即$7n$形式的数

星期一：……，-13，-6，1，8，15，……即$7n+1$形式的数

星期二：……，-12，-5，2，9，16，……即$7n+2$形式的数

星期三：……，-11，-4，3，10，17，……即$7n+3$形式的数

星期四：……，-10，-3，4，11，18，……即$7n+4$形式的数

星期五：……，-9，-2，5，12，19，……即$7n+5$形式的数

星期六：……，-8，-1，6，13，20，……即$7n+6$形式的数

（当然，$7n+7$形式的数等于$7(n+1)$，因此就是$7n$形式的数。）

一个给定的数所对应的天由该数除以7之后的余数来决定。如果引入一种"余数算术"，则这些余数总是0、1、2、3、4、5或6。让我们约定，像

$$4+5=2$$

这样一个陈述意指"第4天加第5天等于第2天"，这是很自然的，我们可以为"数"0-6建立以下加法表：

+	0	1	2	3	4	5	6
0	0	1	2	3	4	5	6
1	1	2	3	4	5	6	0
2	2	3	4	5	6	0	1
3	3	4	5	6	0	1	2
4	4	5	6	0	1	2	3
5	5	6	0	1	2	3	4
6	6	0	1	2	3	4	5

该表体现了7天循环的本质结构。如果问我们"星期四之

后的751天是星期几？", 我们将其重新表述为

$$4+751=?$$

虽然751不在我们的表中, 但我们注意到,

$$751=7\cdot107+2$$

它是 $7n+2$ 的形式, 所以 $751=2$。于是我们现在有

$$4+2=?$$

由表可知, $?=6$, 即那天是星期六。

　　这种"加法"有一些古怪的特性, 例如

$$1+1+1+1+1+1+1=0,$$

但如果用天来解释, 这就完全说得通了, 我们很快就会习惯这些特性。

32

　　受此激励, 让我们尝试定义这个系统的**乘法**。当然, 让星期日乘以星期一是没有什么意义的, 我们忽略这个问题。[①] 如果 3×6 有意义, 它应该等于 $6+6+6$。由表可知, 它等于4。因此我们定义

$$3\times6=4。$$

然而, 要求 3×6 应该等于 $3+3+3+3+3+3$ 也同样合理。或许这会给出不同的答案？但我们计算之后同样得到了4。我们可以说, 既然 $3=10$, 那么 3×6 应该等于 10×6 或60, 但 $60=4$。所以无论我们怎样做, 它都至少给出了一致的结果, 这令人鼓舞。

　　通过使用同样的重复相加, 我们建立了以下乘法表（试试

①　这没有问题。我们总是可以随意下**定义**, 只要此后将其坚持下去。无论如何, 整数的乘法或减法, 或者负数的乘法或减法, 都涉及同样的方法：忘掉它们来自哪里, 通过类比进行运算, 然后检验答案是否有意义。

吧！）：

×	0	1	2	3	4	5	6
0	0	0	0	0	0	0	0
1	0	1	2	3	4	5	6
2	0	2	4	6	1	3	5
3	0	3	6	2	5	1	4
4	0	4	1	5	2	6	3
5	0	5	3	1	6	4	2
6	0	6	5	4	3	2	1

我们努力的最终成果——数0—6和两张表——被称为**以7为模数的整数**（或者为了方便起见，被称为**模7的整数**）系。"模［数］"这个别致的词只是为了显示数7所起的作用。这里7并没有什么特别的，任何其他数都可以。如果从钟面上的各个小时开始，我们会得到数0-11和算术模12（或者对于24小时的时钟，得到数0-23和模24）；一般来说，任何整数都可以充当模。你只需想象一个有那么多天数的"星期"，然后和之前一样继续下去。

33

同　　余

1801年，被视为有史以来最伟大的三位数学家之一的高斯（C. F. Gauss）发表了《算术研究》（*Disquisitiones Arithmeticae*）。这是一部数论著作，讨论的是普通整数系的性质。当然，高斯感兴趣的是比包含初等算术的简单数值计算更深刻的思想。数论的主题听起来似乎很容易，其实恰恰相反，它是最艰深的数学分支之一，充斥着尚未解决的问题。

开篇章节（这是他所有后续工作的基础）是从这样一个定义开始的：

> 如果数 a 能除尽数 b 与数 c 之差，则称 b 和 c 对 a 同余①……数 a 被称为**模**。

（在高斯这里，所谓的"数"是指"整数"。）

如果 b 和 c 对模 a 同余，我们记为

$$b \equiv c \qquad （模 a）。$$

如果从上下文可以清楚地看出使用的是哪个模，可以不注明它。

为了看清楚这和我们之前的工作是如何联系起来的，让我们看看对模7的同余。如果 b 和 c 对模7同余，则存在一个整数 k，使得

$$b-c=7k,$$

或者

$$b=7k+c。$$

于是，和给定的数 c 对模7同余的数是 $7k+c$ 形式的数。和1对模7同余的数是 $7k+1$ 形式的数。

给定任何一个数 b，把它除以7，求出余数 r，于是

---

① 和三角形的"全等"（拼写也是"congruent"——译者）不同。但这两种思想有一些共同点：在每种情况下，我们都忽略了一种特定类型的差异：一个固定整数的倍数，或一个刚性运动的变换。

$$b=7q+r$$

由此可得，b 和 r（对模 7）同余。由于余数只能取 0 到 6 之间的值，因此可知，每一个数都和 0、1、2、3、4、5、6 中的一个（对模 7）同余。

34   在图 18 中，位于第 0 天星期日上方的螺旋线上的数是 $7n$ 形式的数；换句话说，这些数和 0（对模 7）同余。第 1 天上方的数和 1 同余。一般地，第 d 天上方的数和 d 同余。

和等式一样，同余既可以相加，也可以相乘。更准确地说，如果

$$a \equiv a' \qquad （模\ m）$$

且

$$b \equiv b' \qquad （模\ m）$$

那么

$$a+b \equiv a'+b' \qquad （模\ m）$$

且

$$ab \equiv a'b' \qquad （模\ m）。$$

现在我来证明这一点。这个证明只用到初等代数。由前两个同余可知，存在着整数 j 和 k，使得

$$a=mj+a'$$
$$b=mk+b' \qquad\qquad （†）$$

为了表明 $a+b$ 和 $a'+b'$ 是同余的，我们必须表明它们的差

$$（a+b）-（a'+b'）$$

可被 m 整除。由（†）可知，这个表达式是

$$m（j-k），$$

这显然是 m 的倍数。同样，为了证明第二个断言，我们需要看看

$$ab-a'b',$$

它可以化简为

$$m（ka+jb-jkm），$$

也是 m 的倍数。

这意味着，例如，由 $1 \equiv 8$ 和 $3 \equiv 10$（模7）可以推出，$1+3=4$ 和 $8+10=18$ 同余，$1 \times 3 = 3$ 和 $8 \times 10 = 80$ 同余。作为检验，差值14 和77都能被7整除。

在一星期各天的算术中，我们之前断言的 $4+5=2$ 现在可以更准确地表述为：

$$4+5 \equiv 2 \qquad （模7）。$$

我们的加法表和乘法表是同余的表，而不是等量的表。像 $4 \times 5 = 6$ 这样的项包含的信息是，如果一个和4同余的数乘以一个和5同余的数，那么结果总是和6同余。同样，对模7的同余算术可以使我们抛掉7的倍数，这显然可以应用于移动7个位置又回到初始位置的情况。

利用对模10的同余，可以解释为什么所有完全平方数都以0、1、4、5、6或9结尾，而不是以2、3、7或8结尾。所有数都和0到9之间的某个数对模10同余，因此所有平方数都和0、1、……、9的平方同余。计算可知，它们分别和0、1、4、9、6、5、6、9、4、1同余。由于一个数除以10的余数是它的最后一位数字（以10为基数），所以这些就是所有可能出现的数字。

其他许多算术结果也可以用类似的方法来解释。

除　　法

　　在模 n 的算术中，我们可以像在普通算术中一样对数进行加法和乘法。也可以做减法。一个数**除以**另一个数的问题更有趣，因为答案取决于你使用的模。

　　假设我们希望赋予 4/3（模 7）以意义。目前，这些符号还没有意义，我们可以把我们想要的任何意义自由地赋予它们。但我们希望 4/3 与除法有某种关联，这限制了我们的选择。最自然的定义是让 4/3 是任何一个满足方程

$$3x \equiv 4 \qquad (\text{模 } 7)$$

的数 x。如果看看乘法表，你会发现只有一个 x 值是成立的，那就是 $x=6$。因此在模 7 的算术中，我们可以定义

$$4/3 = 6。$$

同样，如果 p 和 q 是 0 到 6 之间的任意两个数，我们想让 p/q 等于 y，其中

$$qy \equiv p \qquad (\text{模 } 7)。$$

36　现在 qy 是出现在乘法表 q 行 y 列的数。为使该同余有一个解 y，数 p 必须出现在 q 行中的某个地方。而为了有**唯一解**，p 必须在 q 行只出现**一次**。（如果有两个或两个以上的解，我们不知道 p/q 应取哪一个。）

　　乘法表（模 7）是这样的：**除 0 行之外**，每个数在每一行都只出现一次。因此，对于任何**非零的** q，我们都能找到上述同余的唯一解。这意味着当 $q \neq 0$ 时，我们可以定义 p/q。这并不

是多大的限制，因为我们无论如何也不期望能够除以0。

如果我们以6为模，会发生什么情况？现在的乘法表会有非常不同的结果。

×	0	1	2	3	4	5
0	0	0	0	0	0	0
1	0	1	2	3	4	5
2	0	2	4	0	2	4
3	0	3	0	3	0	3
4	0	4	2	0	4	2
5	0	5	4	3	2	1

只有在1行和5行，每一个数才全都出现。2行只出现了0、2和4，且每个数出现两次。3行只出现了0和3。所以我们可以毫不费力地除以1或5。但我们无法定义1/2或3/4。4/2有两个不同的候选（即2和5），3/3有**三个**候选。真是一团糟！这与模7是多么不同啊！

没有什么好办法可以摆脱这个困境。必须承认，在模6的情况下，除法并不总是可能的；这种情况要比整数的情况（不是对任何模）糟糕得多。虽然一般来说，我们不能用一个整数除以另一个整数而得到一个**整数**，但我们可以把整数系扩大为有理数，在更大的数系中做除法。此外，更大的数系满足整数系的所有"算术定律"（例如$a+b=b+a$）。

我们**不能**把模6的整数系扩大为使除法得以可能且算术定律仍然成立的任何数系。（关于这些"定律"，我们在第六章还有更多的内容要讲。）我所说的"扩大"是指"增加一些'数'"。请注意，模6的整数不能通过放大而得到普通整数，因为这会改变乘法表和加法表；我们不是扩大而是破坏了这个数系。

这是因为乘法表中有太多的0。在某些情况下，两个非零数的乘积为零：例如

$$2 \times 3 \equiv 0 \qquad （模6）。$$

假定可以扩大这个数系，使1/2能被定义成某个数，比如a。那么运用算术定律和表示"×"的符号"·"，我们有

$$3 \equiv 1 \cdot 3 \equiv (a \cdot 2) \cdot 3 \equiv a \cdot (2 \cdot 3) \equiv a \cdot 0 \equiv 0 \qquad （模6）$$

而这并不正确。因此，如果想要一个扩大的数系，它将不会满足算术定律。

同样的麻烦将出现在两个非零数的乘积可能为零的任何模m的情况下。

让我们写下以2、3、4、5、……为模的乘法表。显然，如果模是2、3、5、7、11、13、17、……，则除法（除了除以0）总是可能的；如果模是4、6、8、9、10、12、14、15、16、……，则除法并不总是可能的。认识到这一点并不需要天才。第一列数看起来像是**质数**（除了它自身和1之外没有因子）序列，第二列数则像是**合数**（可以表示为两个较小数的乘积）序列。

很容易证明，如果以合数为模，那么除法并不总是可能的。假设模为m，其中$m = a \cdot b$，且a和b都小于m，那么a或b都不和0同余（模m），但它们的乘积$a \cdot b$即m却和0同余。我们之前注意到$2 \cdot 3 \equiv 0$（模6），这只是同样事物的更一般情况。就像我们推导出1/2无法定义一样，（对于模m的情况，）我们也无法以任何有用的方式定义1/a（或1/b）。

　　这便解决了以合数为模的情况。那么，以质数为模的情况怎么样呢？据我们所知，也许存在一些质数模，使除法并不总是可能的。我们的证据只包含前几个质数，但对于一个非常大的质数（甚至大到无法算出一张乘法表），也许会有不同的情况发生。

　　取一个质数p。设t是某个不和零同余（模p）的数。我们还记得，只要每个数（模p）在乘法表的t行恰好出现一次，那么除以t就是可能的。让我们首先确定没有数出现**两次**。否则的话，就会有两个不同的数（模p），比如u和v，使得

$$tu \equiv tv \qquad （模\ p）$$

于是，

$$t(u-v) \equiv 0 \qquad （模\ p）。$$

　　因此，回到普通整数，乘积$t(u-v)$可被p整除。但如果一个**质数**能除尽两个数的乘积，则它必定能除尽其中一个数。若p能除尽t，则$t \equiv 0$（模p），而根据我们对t的选择，这是不可能的。若p能除尽$(u-v)$，则$u \equiv v$（模p），这也不可能。于是，我们假设同一个数在t行出现两次导致了矛盾。因此，这个假设必定是错误的。于是只剩下一种可能性：没有数在t行出现两次。

　　t行恰好有p个空位，而且恰好有p个不同的数（即0、……、$p-1$）可以出现。既然不能把任何数放入两次，那么把数放在一起的唯一方法就是把**每个**数放入**一次**。（这就是所谓的"鸽洞原理"。）因此，每个数在t行只出现一次。根据我们之前所说，这意味着我们可以用一种独特的方式来定义除以t。

　　下面是对著名的"费马数"的一个有趣应用。1640年，费

马断言，①所有

$$2^{2^n}+1$$

形式的数都是质数，但说他无法证明这一点。前几个费马数是3、5、17、257和65537，它们均为质数。1732年，欧拉通过计算发现，费马错了。序列中的下一个数是$2^{32}+1$，它能被641整除。然而，一旦我们知道答案，就有一个更简单的方法。

我们注意到641是质数，且$641=2^4+5^4=1+5\cdot2^7$。以641为模，计算可得：

$$2^7 \equiv -1/5$$

于是

$$2^8 \equiv -2/5,$$

39　因此，

$$2^{32} \equiv (-2/5)^4$$

$$\equiv 2^4/5^4$$

$$\equiv -1$$

（上面第一个等式是对641取模）。因此$2^{32}+1$能被641整除。

两条著名定理

同余不仅可以用于数值计算，在数论中也特别重要。我将通过证明两条著名定理来说明这一点。这些证明并不难理解，

_____

① 不难看出，2^k+1形式的数不是质数，**除非k是2的幂**。这可能就是费马误入歧途的原因。在费马所作的所有未经证实的陈述中，只有这一条已知为假，也是他唯一表示怀疑的陈述。

但正如贝尔（E. T. Bell）所说："可以肯定地说，在100万个正常智力的人当中，无论什么年龄，数学水平仅为初等算术的、在合理的时间比如说一年内能够成功找到证明的人不会超过十个。"[①]

如果计算模7的各个数的连续几次幂，你会发现它们一遍遍地重复相同的序列。例如，2的各次幂是

$$2^0 \equiv 1 \qquad 2^3 \equiv 1 \qquad 2^6 \equiv 1$$
$$2^1 \equiv 2 \qquad 2^4 \equiv 2 \qquad 2^7 \equiv 2$$
$$2^2 \equiv 4 \qquad 2^5 \equiv 4 \qquad 2^8 \equiv 4 \cdots \qquad （模7）$$

1、2、4，1、2、4，1、2、4的模式不断重复。3的各次幂是1、3、2、6、4、5的模式不断重复。其他数也有类似的模式，你很容易亲自验证。

不难看出，一旦某个幂变得等于1，序列就必定会重复。由于 $3^6 \equiv 1$，所以 $3^7 \equiv 3^1$，$3^8 \equiv 3^2$，等等。对于模7，每一个非零的数都满足

$$x^6 \equiv 1 \qquad （模7）$$

（尽管对于 x 的某些值，小于6也可以）。

做必要的算术就会看到，对于模5，每一个非零的数都满足

$$x^4 \equiv 1 \qquad （模5），$$

对于模11，结果是

$$x^{10} \equiv 1 \qquad （模11）。$$

对于模13，

40

① E. T. Bell, *Men of Mathematics*, vol. 1, Penguin Books, 1965, p. 73.

$$x^{12} \equiv 1 \qquad （模 13）。$$

我之所以把注意力局限在质数模上，是因为这样的模式更明显。对于任何质数 p 以及任何不和 0 同余（模 p）的 x，似乎都应该有

$$x^{p-1} \equiv 1 \qquad （模 p）。$$

要想证明这一点，我们可以通过模 7 的计算来说明。模 7 的非零数是

$$1 \ 2 \ 3 \ 4 \ 5 \ 6。$$

将所有数都乘以 2，就得到

$$2 \ 4 \ 6 \ 1 \ 3 \ 5，$$

它们是以不同顺序排列的相同的数。因此乘积

$$1 \cdot 2 \cdot 3 \cdot 4 \cdot 5 \cdot 6$$

和

$$2 \cdot 4 \cdot 6 \cdot 1 \cdot 3 \cdot 5$$

对模 7 同余。但后者也和

$$（1 \cdot 2）\cdot（2 \cdot 2）（3 \cdot 2）（4 \cdot 2）（5 \cdot 2）（6 \cdot 2） \qquad （模 7）$$

即

$$2^6 \cdot（1 \cdot 2 \cdot 3 \cdot 4 \cdot 5 \cdot 6） \qquad （模 7）$$

同余。因此，

$$1 \cdot 2 \cdot 3 \cdot 4 \cdot 5 \cdot 6 \equiv 2^6 \cdot（1 \cdot 2 \cdot 3 \cdot 4 \cdot 5 \cdot 6） \qquad （模 7）。$$

两边约去，我们得到

$$1 \equiv 2^6 \qquad （模 7）。$$

如果将所有数都乘以 3，那么同样的事情也会发生：我们现在得到

$$3\ 6\ 2\ 5\ 1\ 4$$

同理可得

$$1 \equiv 3^6 \qquad (\text{模 } 7)。$$

现在我们来看模 p 的一般情况。由于 p 是质数，我们知道每个数在模 p 的乘法表的 x 行只出现一次。所以下列数

$$(1 \cdot x)、(2 \cdot x)、\cdots、((p-1) \cdot x)$$

仅仅是不同顺序的 1、$\cdots\cdots$、$p-1$ 罢了。把它们都乘起来，便得到

$$x^{p-1}(1 \cdot 2 \cdot ... \cdot (p-1)) \equiv 1 \cdot 2 \cdot ... \cdot (p-1) \qquad (\text{模 } p)$$

两边除以 $1 \cdot 2 \cdot ... \cdot (p-1)$，我们得到

$$x^{p-1} \equiv 1 \qquad (\text{模 } p)$$

定理得证。

此定理的一个简单应用告诉我们，

$$7^{18}-1=1628413597910448$$

可以被 19 整除，而不需要做任何除法。在更深入的数论研究中，这个一般定理是不可或缺的。[①] 它被称为 **费马定理**（不要与费马大定理相混淆！[②]）。

关于出现在费马定理证明中的乘积

41

[①] 参见 Hardy and Wright, *An Introduction to the Theory of Numbers*, Oxford University Press, 1962, Chapter 6。

[②] 费马的"最后定理"（之所以被称为"最后定理"，是因为它是最后一个未解的定理）断言，对于非零整数 x、y、z，假设 n 是一个大于 2 的整数，方程 $x^n+y^n=z^n$ 没有解。$n=2$ 时它有无穷多个解，例如 $3^2+4^2=5^2$。

[补遗，1994 年：] 1993 年 6 月，普林斯顿大学的安德鲁·怀尔斯宣布了对费马最后定理的一个证明，这个证明是从谷山-志村猜想的一个特例中推导出来的。但随后发现了一个技术缺陷。1994 年初，这个缺陷没有得到修复，但是到了 1994 年底，怀尔斯和剑桥大学的理查德·泰勒宣布他们已经完成了证明。

$$1 \cdot 2 \cdot \ldots \cdot (p-1),$$

第二条定理告诉了我们更多东西。我们可以对这个模 p 进行赋值吗？

当 p=7 时，这个乘积是

$$1 \cdot 2 \cdot 3 \cdot 4 \cdot 5 \cdot 6。$$

如果把它重写成

$$1 \cdot (2 \cdot 4)(3 \cdot 5) \cdot 6,$$

我们发现它和

$$1 \cdot 1 \cdot 1 \cdot (-1)$$

即 −1 同余。选择数的配对，使数对的乘积为 1。

我们可以对模 11 做同样的事情：

$$1 \cdot 2 \cdot 3 \cdot 4 \cdot 5 \cdot 6 \cdot 7 \cdot 8 \cdot 9 \cdot 10$$
$$=1 \cdot (2 \cdot 6)(3 \cdot 4)(5 \cdot 9)(7 \cdot 8) \cdot 10$$
$$=1 \cdot 1 \cdot 1 \cdot 1 \cdot 1 \cdot (-1)$$
$$=-1。$$

或者对模 13：

$$1 \cdot 2 \cdot 3 \cdot 4 \cdot 5 \cdot 6 \cdot 7 \cdot 8 \cdot 9 \cdot 10 \cdot 11 \cdot 12$$
$$=1 \cdot (2 \cdot 7)(3 \cdot 9)(4 \cdot 10)(5 \cdot 8)(6 \cdot 11) \cdot 12$$
$$=1 \cdot 1 \cdot 1 \cdot 1 \cdot 1 \cdot 1 \cdot (-1)$$
$$=-1。$$

在一般情况下，我们取数 1、2、……、p-1，并将每个数与其倒数配对。除了那些等于其倒数的数，这消去了所有数。它们满足

$$x \equiv 1/x \qquad （模 p）$$

或

42

$$x^2 \equiv 1 \qquad (模\,p)$$

它等同于

$$x^2-1 \equiv 0 \qquad (模\,p)$$

对它因式分解：

$$(x-1)(x+1) \equiv 0 \qquad (模\,p)。$$

因此，要么 $x \equiv 1$，要么 $x \equiv -1$。于是我们可以重新写成

$$1 \cdot 2 \cdot ... \cdot (p-1) \equiv 1 \cdot (?\cdot?) \cdot ... \cdot (?\cdot?) \cdot (-1)$$

$$\equiv -1。$$

这证明，对于任何质数 p，

$$1 \cdot 2 \cdot ... \cdot (p-1) \equiv -1 \qquad (模\,p)$$

这被称为**威尔逊定理**。

如果我们取的不是 p，而是一个合数 m，则这个定理为假。因为如果 m 为合数，则它有某个因子 $d \leq m-1$。于是 d 将除尽 $1 \cdot 2 \cdot ... \cdot (m-1)$，用它去除 $1 \cdot 2 \cdot ... \cdot (m-1)+1$ 将留下余数 1。这意味着 m 不能除尽 $1 \cdot 2 \cdot ... \cdot (m-1)+1$。

从理论上，我们可以对质数进行检验。为了查明给定的数 q 是否为质数，我们计算出

$$1 \cdot 2 \cdot ... \cdot (q-1)+1$$

用它除以 q。如果没有余数，则 q 是质数；如果有余数，则 q 是合数。例如，

$$1 \cdot 2 \cdot 3 \cdot 4 \cdot 5 \cdot 6+1=721$$

能被 7 整除，所以 7 是质数；而

$$1 \cdot 2 \cdot 3 \cdot 4 \cdot 5+1=121$$

不能被6整除，所以6是合数。

然而，即使是对于一个较小的数，比如17，我们也必须算出 $1 \cdot 2 \cdot ... \cdot 16+1=20922789888001$，并除以17。这一检验并不实用，即使在速度很快的计算机上也是如此。

不过，这是一项引人注目的理论成果。我们检验质数时可以**不去**尝试可能的除数。

第四章　集合的语言

几乎任何一本关于"现代数学"的书都会谈论**集合**，而且会夹杂着∈、⊆、∪、∩、∅等大量奇特符号。本书也不例外，不过我会尽可能少地使用符号。这种对集合的着迷是有充分理由的。集合论是一种语言。如果没有它，我们不仅无法**做**现代数学，甚至说不出我们在讨论什么。这就像不懂法语却要研究法国文学一样。在本书的其余部分，我们将不得不使用一些集合论语言，因此有了这一章。

集合是若干对象的聚集（collection），比如英国各郡的集合，所有史诗的集合，所有红头发的爱尔兰人的集合。属于集合的对象是集合的**元素**或**成员**（我们将不加区分地使用这两个术语）。例如，《失乐园》是所有史诗的集合的一个成员，肯特郡是英国各郡的集合的一个元素。虽然在引入集合论时，可以使用成员为现实对象的具体集合，但数学中感兴趣的集合总有一些成员是抽象的数学对象，例如平面上所有圆的集合，球体上各点的集合，所有数的集合，等等。

集合论的许多概念都可以用简单的物品来生动地说明：几个小东西（铅笔、橡皮、卷笔刀、一些大理石、一块糖鼠等）。这些（或其中一些）东西是集合的元素，集合本身将由**装在一**

个袋子里的选中的东西所组成。（有这个袋子很重要。）要想知道某个特定的东西是否是集合的一个成员，你可以朝袋子里看看。因此，塑料袋是最好的！你也许会发现，手头上有这样的物品有助于理解以下内容。

我们将建立一种集合代数。和在普通代数中一样，我们将用字母来表示集合和元素。为了帮助记录，我们一般用小写字母表示元素，用大写字母表示集合，但这一约定不可能严格遵守，因为集合本身也可以是其他集合的元素（将一个袋子放在另一个袋子里！）如果 S 是所有史诗的集合，x 是《失乐园》，那么 x 是 S 的一个成员。短语"是一个成员"经常出现，因此有一个符号会很方便；通常使用的符号是 $\in$。① 因此，

$$x \in S$$

意指 "x 是 S 的成员"。

如果我们知道一个集合的元素是什么，或者至少能在理论上查明它们，这个集合就被认为是已知的。指定一个集合有许多方法，其中最简单的是列出其所有成员。正是以这种方式，选民名册定义了有投票权的人的集合。其标准符号是用花括号括住各个成员。例如，{1，2，3，4} 是一个集合，其成员是1、2、3、4而且只有这些成员，{春、夏、秋、冬} 则是季节的集合。图19显示的是集合

{铅笔、大理石、糖鼠}。

花括号起的正是塑料袋的作用。

———————————

① 这个符号是希腊字母 ε 的一个格式化版本，是 "element" 一词的首字母。很多书（尤其是年代比较久远的）只使用一个 ε。

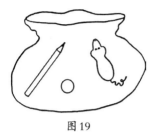

图 19

如果两个集合有相同的元素，则两个集合**相等**。虽然我们可以把两支铅笔放入一个塑料袋，但我们不能把同一支铅笔放入塑料袋**两次**（除非中间把它拿出来）。不幸的是，我们的花括号表示法并没有这样的物理限制，我们很容易写出像 {1，2，3，4，4，4} 这样的东西。从字面上看，这是一个成员为 1、2、3、4、4 和 4 的集合。《小熊维尼》[①]中有这么一段话，当兔子列举森林中的居民时，小熊维尼一直在说："哦，还有屹耳。[②]我总是忘记他。"尽管被提到多次，但森林中只有一只屹耳。同样，虽然我们可以多次列出 4，但集合中只有一个 4，因此它等于 {1，2，3，4}。使用花括号表示法时，列出不止一次的元素被认为在集合中只出现一次。

此外，袋子里的东西也没有特别的顺序。花括号表示法引入了一种人工排序，因为我们习惯于从左往右读。集合 {1、3、2、4} 与 {1、2、3、4} 有相同的元素，因此是相同的集合。括号内的顺序并不造成差别。

你也许会问："但如果我想在集合里放**两支**铅笔呢？"如果

45

---

① A. A. Milne，'Winnie-the-Pooh'，Chapter 7.
② 屹耳（Eeyore）是《小熊维尼》中的角色，是一头灰色的小毛驴。——译者

它们是不同的铅笔，那么没有问题：把它们都放进去。既然它们不同，你不会把某个东西放进去**两次**，而会把两个相似的东西分别放进去一次。如果它们相同，你就没有两支铅笔了。

这些约定非常合理。如果你的名字在选民名册上出现两次，你有资格投两张票吗？选民名册上的顺序具有什么选举特权吗？

更一般地，像

$$\{所有史诗\}$$

这样的符号表示所有史诗的集合。对于同一个集合，我们可以将它写成

$$\{x|x是一首史诗\}。$$

其中的竖线可以理解为"使得"；所有 x 的集合，使得 x 是一首史诗，与所有史诗的集合是一样的。集合

$$\{n|n是整数，且1 \leqslant n \leqslant 4\}$$

与集合

$$\{1,\ 2,\ 3,\ 4\}$$

是一样的。

我们不是给出清单，而是给出一种性质，能够精确指定我们希望集合中包括的元素。如果我们谨慎地给出定义，以确保我们想要的**那种**性质得到指定，那么这将与清单一样好，通常也更方便。对于有无穷多个成员的集合，例如{所有整数}，在任何情况下都不可能给出完整的清单。足够大的有限元素集也是如此。

"聚集"一词包含着一些不太恰当的含义（这就是我们引入

"集合"一词的原因）。集合的数学概念允许集合只有一个成员，甚至根本没有成员，而"聚集"则通常有多个成员。如果有人让你看一本只包含一枚邮票的集邮册，你可能会觉得索然无味。（然而，如果那枚邮票是世上仅存一枚的1856年"英属圭亚那一分洋红邮票"……）现在，如果我们通过某种性质指定一个集合，那么事后可能发现只有一个对象具有这种性质，或者根本没有对象。然而当集合**被**指定时，这一点往往并不明显。例如，$\{n|n$ 是一个大于1的整数，使方程 $x^n+y^n=z^n$ 有一个非零整数解 x、y、$z\}$ 至少有一个成员，那就是2。但没有人知道它是否还有更多的解。这是数论中一个非常困难的问题，[①]300多年来一直没有解决。无论它是否是一个集合，都不必依赖于这个问题的解决；但结果可能是，2是唯一的成员。所以我们必须允许集合只有一个元素，如果那就是结果的话。

　　拥有一个元素的集合绝不能与这个元素本身相混淆。x 并不等于 $\{x\}$。用袋子很容易理解这一点（图20）：

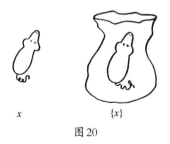

x　　　　　　$\{x\}$

图20

以下观点也可以确证这一点：$\{x\}$ 只有一个成员，即 x，而 x 则　47

---

　　① 这同样是费马的最后定理，参见第三章注释。

可能有任意数量的成员，这取决于它是否是集合以及是什么样的集合。

空　集

我们允许集合只有一个元素，正是出于同样的理由，我们也必须允许集合一个元素也没有。据我所知，"目前居住在贝克斯希尔的所有独角兽"就是这样一个集合。

没有元素的集合被称为**空**集。（想想一个空的塑料袋。）

现在出现了一个让很多人都感到惊讶的事实：空集只有一个。所有空集都相等，完全民主。回想一下，如果两个集合的成员都相同，则它们相等。如果不等，则它们成员不同，所以其中一个集合必须至少有一个成员是另一个集合所没有的。尤其是，其中一个集合必须有成员。如果两者都是空的，情况就不是这样了；所以它们并非不等。因此它们必须相等。

这似乎很奇怪。这是"空洞推理"（vacuous reasoning）的一个例子，在这里，所要求的性质仿佛自动成立。无足轻重的想法往往很难把握。假设一个人正在寻找某个重要的东西，其实那里什么都没有，于是他相信自己没有看到他正在寻找的东西。任何两个空集都相等，因为在没有任何成员可以区分它们的情况下，无法将它们区分开来。两个空袋子的内容是相同的。

一颗糖鼠没有成员。我是在断言一颗糖鼠等于空集吗？

事实上，并非如此。只有当我们有两个**集合**的时候，这个证明才适用。我最多只能说，**如果**一颗糖鼠是一个集合，而且

如果（看起来似乎）没有成员，**那么**它就等于空集。

既然确定只有一个空集，我们可以给它一个符号：目前常用的符号是

$$\varnothing$$

它不是希腊字母 φ，而是一个由"0"和"/"组成的特殊符号。空集不是"无"，也并非不存在。它在存在性上和其他任何集合一样。不存在的是它的**成员**。不能将它与数 0 相混淆：因为 0 是一个数，而 ∅ 是一个集合。①

∅ 是数学中最有用的集合之一。它的一个用途是可以简明扼要地表示某事没有发生。让我们用 U 来表示贝克斯希尔的独角兽集合。于是，

$$U = \varnothing$$

告诉我们贝尔斯希尔没有独角兽。

子　　集

一个集合常常是另一个集合的一部分（而不是它的一个成员）。所有女人的集合是所有人的集合的一部分；所有偶数的集合是所有整数的集合的一部分。"……的一部分"同样包含着不太恰当的含义，数学家被迫发明了一个新词来表示所涉及的精确概念。

---

① 在算术的一些发展中，0 被定义成 ∅，1 被定义成 {∅}，2 被定义成 {∅, {∅}}，等等。所以 0 和 ∅ 不同并不完全正确。不过，人们当然会以不同的方式来**考虑**它们，这才是重要的。

　　只要集合 S 的每一个成员都是集合 T 的成员，集合 S 就被称为集合 T 的**子集**。所有女人的集合 W 的每一个成员都是女人，从而都是人，从而也是所有人的集合 H 的成员。因此 W 是 H 的一个子集，我们用符号[1]

$$W \subseteq H$$

来描述它，于是，符号 $\subseteq$ 应被理解成"是……的子集"。我们也说 W **包含在** H **中**。

　　"子集"概念的"袋子"图要比我们之前的例子更不自然。如果 S 是由一支铅笔和一块橡皮组成的集合，而 T 是由相同的铅笔和橡皮加上三块石头组成的集合，那么图 21 对袋子的安排显然会产生误导。

图 21

　　看起来，我们似乎只有一个集合，其成员是

　　（1）三块石头，

　　（2）一个以一支铅笔和一块橡皮为元素的集合。

---

① 符号"⊆"来源于"≤"，但变得弯曲了，以提醒我们，它适用于集合，而不是适用于数。一些书会用"⊂"来代替。

图22要更好；但要使之实际管用，需要对互相贯穿的袋子 49
做出安排。（它们用虚线来表示。）

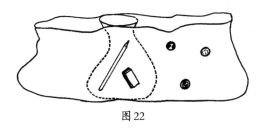

图 22

由我们对"子集"的定义立即可以得出某些事实。每一个
集合都是它自身的一个子集——因为它的所有成员都是它的成
员。此外，空集∅是你想要命名的任何集合的子集——通过另
一则空洞推理。如果∅不是某个给定集合S的子集，那么就必
定存在∅的某个元素不是S的元素。特别是，∅必定有一个元
素。由于∅没有元素，所以这是不可能的。（这就是"……的一
部分"这种说法之所以产生误导的两个原因：这个部分可能是
整个事物，也可能是空的。）

子集有一个很好的性质：子集的子集本身也是子集：如果
$A \subseteq B$ 且 $B \subseteq C$，那么 $A \subseteq C$。因为如果 A 的每一个元素都是 B 的元
素，B 的每一个元素都是 C 的元素，那么 A 的每一个元素都是 C
的元素。

我们在第三章开头关于数"系"的评论实际上是关于集合 50
和子集的。我们为数的集合引入了一些标准符号[①]（我们将一直

---

① **N**、**R** 和 **C** 的来源很清楚。**Z** 来自德语单词 Zahl（"数"）。我认为，**Q**
来自 quotient（"商"）。有时用 **P**（表示"正的"［positive］）代替 **N**。

使用它们)。为了提醒读者它们是标准,我们使用粗体字。

N是正整数0、1、2、3、……的集合。

Z是整数-2、-1、0、1、2、……的集合。

Q是有理数(形式为p/q的数,其中p和q是整数,且$q \neq 0$)的集合。

R是实数(可以用无穷小数来表示的数,不一定是无限循环小数,比如像$\sqrt{2}$或π这样的数)的集合。

C是复数(我们不会使用太多,但这里应当提到)的集合。

这些集合都属于所提到的数"系"。容纳它们的"宏大结构"可以表示为:

$$\mathbf{N} \subseteq \mathbf{Z} \subseteq \mathbf{Q} \subseteq \mathbf{R} \subseteq \mathbf{C}。$$

由上可知,**N**⊆**Q**,**Z**⊆**R**,等等。

请勿将⊆与∈相混淆。这两个概念几乎没有什么共同点。{1, 2, 3}的**子集**是∅、{1}、{2}、{3}、{1, 2}、{1, 3}、{2, 3}和{1, 2, 3}这些集合。而{1, 2, 3}的**元素**则是1、2和3。此外,**并非**如果$A \in B$和$B \in C$,那么$A \in C$。[1]

并集和交集

集合可以结合在一起构成其他集合。在无数种可能的结合方式中,只有很少几种是有用的。其中最突出的是集合的并集和交集。

---

[1]　考虑集合$C = \{\{1, 2\}, \{3, 4\}\}$。于是$1 \in \{1, 2\}$,$\{1, 2\} \in C$,但$1 \notin C$。

两个集合 S 和 T 的**并集**是这样一个集合，它的元素是 S 的元素和 T 的元素。我们用符号

$$S \cup T$$

来表示。

因此，如果 $S=\{1, 3, 2, 9\}$，$T=\{1, 7, 5, 2\}$，那么

$$S \cup T=\{1, 3, 2, 9, 7, 5\}。$$

如果

$$P=\{所有 35 岁以下的女性\}$$

$$Q=\{所有公交售票员\}，$$

51

那么，$P \cup Q$ 将是所有 35 岁以下女性或公交车售票员（包括两者都是的那些人）的集合。

类似地，**交集**

$$S \cap T$$

是其成员为 S 和 T 所**共有**的元素的集合。在上面的例子中，我们有

$$S \cap T=\{1, 2\}$$

$$P \cap Q=\{所有 35 岁以下的女性公交售票员\}。$$

有了塑料袋以及图 23 中的两个集合 S 和 T，

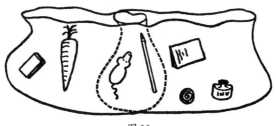

图 23

则 $S \cup T$ 是将所有东西放入一个袋子而得到的集合（图 24）。

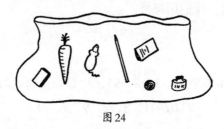

图 24

52 而 $S \cap T$ 则由同时处于两个袋子中的东西所组成（图 25）。

图 25

我们可以不用侧视图，而用俯视图（图 26）。

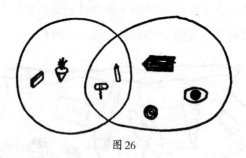

图 26

则 $S \cup T$ 和 $S \cap T$ 是图 27 阴影区域中的物品集合。

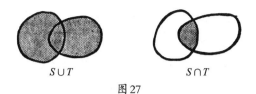

$S \cup T$ $S \cap T$

图27

现在我们可以忘掉袋子里的东西了。对于任意两个集合S和T，$S \cup T$和$S \cap T$的一般图像如图28所示。

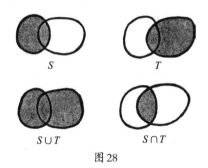

S T

$S \cup T$ $S \cap T$

图28

像这样用圆表示袋子（即集合）、用阴影表示相关物品（元素）所在位置的图，以其发明者的名字被称为**维恩图**。

一如数的加法和乘法服从某些一般定律，符号$\cup$和$\cap$[①]也服从各种一般定律。例如，无论A和B是什么样的集合，总有

$$A \cup B = B \cup A$$
$$A \cap B = B \cap A。$$

因为$A \cup B$是由A的所有元素和B的所有元素组成的，它与B的

---

① 有时也被称为"cup"和"cap"，在我看来，这两个词很容易混淆，就像把"="称为"两条平行线"一样。如果想要一个助记符，你可以尝试"$\cup$nion"和"i$\cap$tersection"。

所有元素加A的所有元素相同。如果绘制维恩图，那么$A \cup B$和$B \cup A$都是在表示A和B的两个圆中画阴影所得到的区域。同样，只有$A \cap B$这个区域才是A和B所共有的区域。

　　如果A、B、C是任意三个集合，那么

$$(A \cup B) \cup C = A \cup (B \cup C)$$

$$(A \cap B) \cap C = A \cap (B \cap C)。$$

　　第一个公式说，如果把这三个集合的元素组合在一起，按54 照什么顺序来组合并不重要；第二个公式说，如果取这三个集合的共有元素，顺序也是无关紧要的。如果绘制维恩图，你需要三个有部分重叠的圆。我会用另一条定律来说明这种方法。

　　有两条定律把∪和∩的运算联系在一起。对于任意三个集合A、B、C，我们有

$$(A \cup B) \cap C = (A \cap C) \cup (B \cap C)$$

$$(A \cap B) \cup C = (A \cup C) \cap (B \cup C)。$$

图29的维恩图显示了其中第一条定律。

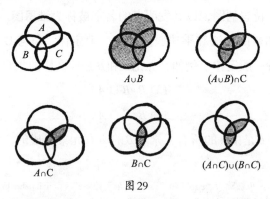

图29

　　如果不用维恩图来证明集合论定律，我们可以使用**元素**

表。[①]一个元素如果在 S 中，或者在 T 中，或者同时在两者之中，那么就在 $S \cup T$ 中。一个元素如果既在 S 中又在 T 中，则在 $S \cap T$ 中。如果我们用"I"来表示"在"，用"O"表示"不在"，则这些说法可以总结成两张表：

S	T	$S \cup T$
I	I	I
I	O	I
O	I	I
O	O	O

S	T	$S \cap T$
I	I	I
I	O	O
O	I	O
O	O	O

（例如，$S \cup T$ 第三行的意思是："如果一个元素不在 S 中而在 T 中，则它在 $S \cup T$ 中。"

为了证明将 $\cup$ 和 $\cap$ 联系在一起的上述第二条定律，即

$$(A \cap B) \cup C = (A \cup C) \cap (B \cup C),$$

我们考虑元素在或不在 A、B、C 中的八种不同的可能方式；对于每一种方式，我们将其制成表，以说明元素是否在 $(A \cap B) \cup C$ 和 $(A \cup C) \cap (B \cup C)$ 中。

A	B	C	$A \cap B$	$(A \cap B) \cup C$
I	I	I	I	I
I	I	O	I	I
I	O	I	O	I
I	O	O	O	O
O	I	I	O	I
O	I	O	O	O
O	O	I	O	I
O	O	O	O	O

---

① 我只在"Venn Vill They Ever Learn？"（by Frank Ellis, *Manifold* 6, 1970, p. 44）见过印刷的元素表。

以及

A B C	$(A \cup C)$	$(B \cup C)$	$(A \cup C) \cap (B \cup C)$
I I I	I	I	I
I I O	I	I	I
I O O	I	I	I
I O O	I	O	O
O I I	I	I	I
O I O	O	I	O
O O I	I	I	I
O O O	O	O	O

请注意，最后两列是相同的。因此，如果一个元素在 $(A \cup C)$ $\cap (B \cup C)$ 中，则它也在 $(A \cap B) \cup C$ 中；如果不在 $(A \cup C) \cap (B \cup C)$ 中，则它也不在 $(A \cap B) \cup C$ 中。但这意味着两个集合是相等的，从而证明了结论。

通过维恩图（一旦理解它们如何表示**一般集合**），你可以**看出**为什么一个恒等式为真。你可以用元素表来**证明**它。

56 　　　　　补　　　集

将两个集合 A 和 B 组合起来的另一种有用的方法是取它们的**差**

$$A-B$$

它由在 A 中而不在 B 中的元素所组成。在维恩图中，它看起来像图30那样。

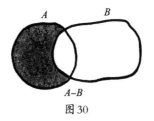

图 30

对应的元素表是

A	B	$A-B$
I	I	O
I	O	I
O	I	O
O	O	O

集合 S 的**补集** S' 是不属于 S 的所有元素的集合。设 V 是所有可能元素——可以是某个集合成员的任何种类的元素——的集合，那么 $S'=V-S$。因此 S' 由图 31 中的阴影区域来表示。

图 31

这个集合 V 有些令人望而生畏。它包含那么多东西！所有　57
可能的数、狗、猫、人、书、……所有可能的概念……、所有
集合。事实上，既然 V 是一个可能的元素，那么 V 也是 V 的一
个成员。从许多方面来看，V 都实在**太大**了。在讨论狗时，如
果你想谈论所有非牧羊犬，那么操心骆驼是毫无意义的。

在任一特定的问题中，我们所关心的集合常常处于某个较小的**普遍集合**之内。如果我们谈论的是狗，我们可以把普遍集合取为所有狗的集合。使用所有动物的集合也许要更加方便。选择普遍集合并无固定方式。然而一旦选择了一个，我们就可以用它来代替 V。补集 S' 由普遍集合的不在 S 中的那些元素所组成，也就是**我们认为**不在 S 中的**那类**事物。只要知道我们讨论的是哪一个普遍集合，就不会产生歧义。

取补集使集合之间的包含关系发生了逆转。如果 $S \subseteq T$，则 $T' \subseteq S'$。这是因为，如果 T 中的东西比 S 中的**更多**，那么不在 T 中的东西就比不在 S 中的东西**更少**。由维恩图可以清楚地看出这一点（图 32）。

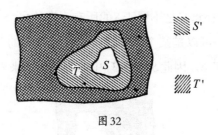

图 32

取集合的补集与否定陈述密切相关。我们可以用集合论来解决某些逻辑问题。考虑以下这些陈述：

（1）黄昏时看不见的动物是灰色的。

（2）邻居不喜欢让他们睡不着的东西。

（3）任何睡觉时鼾声很大的东西。

（4）邻居喜欢黄昏时看得见的动物。

（5）所有大象都睡得很沉。

（6）任何鼾声很大的东西都会吵醒邻居。

我们可以把这些陈述变成集合论陈述，设

$A=$ 吵醒邻居的东西的集合，

$B=$ 睡得很沉的东西的集合，

$C=$ 鼾声很大的东西的集合，

$D=$ 黄昏时看得见的动物的集合，

$E=$ 大象的集合，

$F=$ 邻居喜欢的东西的集合，

$G=$ 灰色东西的集合。

于是陈述（1）说，任何**不在**D中的东西都在G中，也就是说，

$$（1）D' \subseteq G。$$

同样，其他陈述也变成

$$（2）A \subseteq F'$$

$$（3）B \subseteq C$$

$$（4）D \subseteq F$$

$$（5）E \subseteq B$$

$$（6）C \subseteq A。$$

取D和F的补集，我们可以由$D \subseteq F$导出

$$F' \subseteq D'。$$

现在我们可以把所有陈述串在一起：

$$E \subseteq B \subseteq C \subseteq A \subseteq F' \subseteq D' \subseteq G,$$

由于子集的子集是一个子集，这意味着

$$E \subseteq G,$$

也就是说，**所有大象都是灰色的**。

关于集合论与逻辑之间的联系，还有很多东西可以谈。这一想法是乔治·布尔（George Boole，1815-1864）首先提出的，由此引出的理论被称为**布尔代数**。[①]

我们可以用补集来解释一个你可能已经注意到的现象。集合论的各种恒等式或"定律"似乎是**成对**出现的。如果取一条包含符号∪和∩的定律，把其中的所有∪都变成∩，把所有∩都变成∪，那么结果就是另一条定律。事实上，讨论并集和交集的那一节中提到的定律就是这样成对写下来的。

59　　这绝非偶然。它是另外两条被称为**德摩根律**的恒等式的推论：对于任意集合 A 和 B，我们都有

$$(A \cup B)' = A' \cap B'$$

$$(A \cap B)' = A' \cup B'.$$

甚至连德摩根律也是成对出现的。既然任何并非不在集合 S 中的东西都在 S 中，反之亦然，所以 $S'' = S$。因此可以把它们重新写成

---

① 布尔代数在计算机逻辑电路设计中有一定的用途（例如参见 Rutherford, *Introduction to Lattice Theory*, Oliver & Boyd, 1965, pp. 31-40, 58-74）。除了与集合论的联系，它与数学的主体没有什么关系。然而，存在着一种非常深刻的理论。参见 P. R. Halmos, *Lectures on Boolean Algebras*, Van Nostrand, 1963。

$$A \cup B = (A' \cap B')'$$

$$A \cap B = (A' \cup B')'$$　　　　　　（†）

取任意一条集合论定律，例如

$$(A \cup B) \cap C = (A \cap C) \cup (B \cap C)。$$

将所有 A、B 和 C 变成它们的补集，得到

$$(A' \cup B') \cap C' = (A' \cap C') \cup (B' \cap C')。$$

这也是一条定律，因为第一个等式对于**任意**集合 A、B 和 C 都为真。现在取两边的补集：

$$((A' \cup B') \cap C')' = ((A' \cap C') \cup (B' \cap C'))'$$

用（†）中重写的德摩根律来简化它。左边变成了

$$(A' \cup B')' \cup C,$$

进一步使用（†），得到

$$(A \cap B) \cup C。$$

（请记住，$A''=A$，$B''=B$，$C''=C$。）同样，右边是

$$(A' \cap C')' \cap (B' \cap C')'$$

或

$$(A \cup C) \cap (B \cup C)。$$

这样我们便证明了

$$(A \cap B) \cup C = (A \cup C) \cap (B \cup C),$$

这就是 $\cup$ 和 $\cap$ 互换后的原来的定律。同样的方法也适用于任何只包含并集和交集的定律。

　　这样一来，我们证明定理的工作量就减了半：我们每证明一条定理，就免费得到了另一条。

几何学作为集合论

60　　欧几里得试图定义像"点"和"线"这样一些基本的几何对象。例如，点被假定为某个有位置但没有大小的东西。如果分析"位置"概念，你会发现它和"点"一样难以定义，而且这两个概念在彼此兜圈子。

任何定义都必须从某个地方开始。字典上把"the"定义为"**定冠词**"。[①]如果你不知道"the"是什么意思，这将不会很有帮助！欧几里得试图把他理想化的点和线与物理世界中的对象联系起来。不幸的是，现实世界中没有任何东西的行为和他的理想对象完全一样。即使是极小的亚原子粒子也有一定的大小。（事实上，如果量子理论是正确的，那么对于很小的距离，整个大小概念都会变得模糊：在物理上不可能测量小于万亿分之一厘米的距离。做到这一点需要极大的能量，会把所测量的东西炸成碎片。）一个解决办法是，将点和线的基本概念当作**未定义**项，然后说出你希望它们如何行为。这是公理化方法的现代版本，我将在第八章对此作更多论述。

由各点组成的平面的概念很吸引人。使之在逻辑上合理的另一种方法是用已知的数学对象来定义"平面"和"点"。我们无法定义任何物理意义上的平面，但可以定义一个对象，其行

---

① "vish"（"恶性循环"［vicious circle］的缩写）游戏是这样进行的：在字典里随机选择一个词，从它的定义里选择一个词，再从**这个词**的定义里选择一个词，以此类推——目标是用尽可能少的步骤重新检索开始的那个词。

为方式与理想化的欧几里得平面相同。

正如我们在第二章所指出的，坐标几何的概念使我们可以用唯一的一对坐标(x, y)来标记平面的每一个点。现在我们让"点"这个神秘对象与"实数对"这个简单对象联系起来。这个简单对象能够做到我们想让这个神秘对象做的任何事情。如果不愿沉迷于神秘主义，我们可以把一个点**定义**成一个实数对(x, y)。平面是由所有点组成的，因此我们可以把平面**定义**为所有实数对的**集合**。

那么线呢？如果回到坐标几何，你会发现一条线是由满足形式为

$$ax+by=c$$

的方程的那些点(x, y)组成的，其中a、b、c是固定的。例如，$1 \cdot x + (-1) \cdot y = 0$表示从左下到右上穿过原点的斜线。我们可以把一条线定义为满足这样一个方程的所有(x, y)对的集合。同样，我们也可以用确定圆的方程来定义与圆的几何概念相对应的某个点集。

如果一个点是一条线的集合论成员，则该点在几何上位于这条线上。所以如果一个点是L的一个成员，也是M的一个成员，换句话说，是交集$L \cap M$的一个成员，则该点位于这两条线上。集合论上的交集对应于几何学上的交点。

这样一来，以坐标几何为启发，你可以将整个欧几里得几何学当作集合论的一部分。由你希望的几何学的行为方式，可以构建出一种纯数学理论。不过现在，你可以说这是一个数学理论，而不是沉迷于关于"现实"几何学的深奥的形而上学争

论。它处理的是我所谓的"点"和"线"。我怀疑在现实世界中，非常小的点和非常细的线将以大致相同的方式行为。然后人们可以去做实验，看看你是否是对的。即使通过非常精确的测量证明你是错的，你仍然会有一个很好的理论。

现在，我想推广数对的概念。需要注意的是，我们上面使用的数对是**有序的**，也就是说，数对（1，3）**不同于**数对（3，1）。将它们画在一张纸上。（这与无序的集合对 {1，3} 和 {3，1} 形成了对比；正如我们之前约定的，它们相等。）

给定任意两个集合 A 和 B，我们可以定义[①]有序对（a，b），其中 $a \in A$ 且 $b \in B$，"有序"意味着

$$(a, b) = (c, d)$$

当且仅当 $a=c$ 且 $b=d$。然后，我们可以定义**笛卡尔乘积**

$$A \times B$$

为所有可能的有序对（a，b）的集合，其中 $a \in A$ 且 $b \in B$。（该

---

① 库拉托夫斯基（Kuratowski）在 1921 年给出了第一个令人满意的有序对的定义。困难之处在于避免提及符号"（a，b）"的印刷形式。不能说"a 是左边的元素"，因为"左"不是一个集合论的概念。早期的哲学家们在这个问题上陷入了可怕的混乱（例如参见 Russell, *The Principles of Mathematics*, 1903）。"这种顺序是 a 的性质吗？"不，它也必须取决于 b，因为比如（1，2）和（3，1）的顺序是不同的。"它是 b 的性质吗？"不，出于同样的理由。"它是 a 和 b 的性质吗？"不，因为"a 和 b"和"b 和 a"是一样的，所以（a，b）和（b，a）是一样的。

困难在于消除 a 与 b 之间的对称。哲学家们无法做到这一点，因为他们对 x 和 $\{x\}$ 之间的区别感到困惑。他们希望它们是一样的。然而，一旦我们意识到它们应该不同，一切路径都是开放的。例如，我们可以定义

$$(a, b) = \{\{a\}, \{a, b\}\}。$$

右边的不对称性足以确保（a，b）和（c，d）在当且仅当 $a=c$ 和 $b=d$ 时相等：这可以用基本集合论来证明。由于这是有序对唯一重要的性质，所以这个定义是恰当的。然而，它在心理上并不具有吸引力。

名称是为了纪念发明了坐标几何的笛卡尔。)

假设 $A=\{\triangle,\ \square,\ \bigcirc\}$，$B=\{£,\ \$\}$。我们可以画出 $A\times B$，如图33所示。

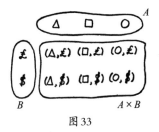

图33

请注意，$A\times B$ 与 $B\times A$ 并不是同一个集合，后者包含着不　62
在 $A\times B$ 中的元素（£，$\triangle$）。

如果我们还记得 **R** 是表示实数集的符号，那么上面定义的平面就是集合 **R**×**R**。我们通常会使用更简单的符号 $\mathbf{R}^2$。整个欧几里得几何学都可以被视为对 $\mathbf{R}^2$ 子集的研究。

第五章　什么是函数？

　　在初等数学中，我们碰到了"函数"一词所指定的各种对象：对数函数、三角函数、指数函数，等等。它们的共同点是，对于任何数 x，函数都有一个得到良好定义的值，即 $\log(x)$、$\sin(x)$、$\cos(x)$、$\tan(x)$、e^x，等等。

　　通过标出函数在 x 处的值，我们还学会了如何绘制表示函数的图。图 34 是对四个常见函数的图示。

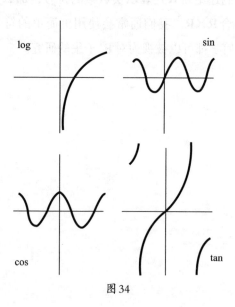

图 34

在传统术语中，x 是**变量**；函数为变量 x 的每一个值指定另 64
一个值 y。如果用某个符号比如 f 来表示函数，则我们将它写成

$$y=f(x)。$$

如果 f 是"对数"函数，那么 $y=\log(x)$；如果 f 是"正弦"函数，
那么 $y=\sin(x)$。

y 和 x 都不是函数。事实上，很难确切地说它们是什么。
$f(x)$ 也不是函数，因为它是函数在 x 处的**值**。函数其实是 f。
"变量" x 和 y 的存在只是为了告诉我们 f 的作用。对于任意给定
的 x 值，"平方"函数的值为 x^2。它可以简要地表达为：

$$y=x^2。$$

但如果没有事先告知，你无法确定这个公式究竟是一个函数的
定义，还是一个待解的方程。

关于公式

我们在学校数学中遇到的大多数函数都可以用一个公式来
定义：$y=x^2$，$y=\sqrt{x}$，$y=|x|$，或者更复杂的函数，比如

$$y=7x^4+\frac{\sin(x)}{1+x}$$

这鼓励人们相信数学**就是**公式；数学家的人生目标就是提出越
来越复杂的公式，并且用这些公式做越来越复杂的计算。情况
并非如此。更糟糕的是，**盲目地**操纵公式而不理解自己在做什
么，会犯很多愚蠢的错误。我想举的例子与微积分有关，但我
不会实质性地使用它，不懂微积分的人也能跟得上。

我曾经让班级对以下函数作微分：

$$y=\log(\log(\sin(x)))。$$

如果盲目遵守微积分的标准规则，你会得出以下答案：

65

$$\frac{1}{\log(\sin(x))}\cdot\frac{1}{\sin(x)}\cdot\cos(x)$$

或

$$\frac{\cot(x)}{\log(\sin(x))}。$$

班上大多数人对此都很满意。然后我让他们画出 $\log(\log(\sin(x)))$ 的图。这造成了很大恐慌，因为事实表明，这个公式没有任何意义。对于任何 x 值，$\sin(x)$ 至多等于 1，所以 $\log(\sin(x))\leqslant 0$。由于无法定义负数的对数，所以 $\log(\log(\sin(x)))$ 并不存在；这个公式是一个骗局。

然而，"导数"$\cot(x)/\log(\sin(x))$ 对于某些 x 值是有意义的，即 $\sin(x)>0$ 的那些值。

有些人可能喜欢生活在这样一个世界里：取一个并不存在的函数，对它进行微分，最终得到一个存在的函数。我并不是他们当中的一员。

对于变量 x 的某些值，给定的公式也许是没有意义的。例如，当 $x=0$ 时，$1/x$ 没有意义；当 $x\leqslant 0$ 时，$\log(x)$ 没有意义；当 x 是 90° 的奇数倍时，$\tan(x)$ 没有意义。更复杂的公式可能以更复杂的方式出问题；例如，如果 $-1\leqslant x\leqslant 1$，或者 $x=2$，或者 $x=3$，那么

$$\frac{\log(x^2-1)}{x^2-5x+6}$$

是没有意义的。

　　此外，很多有用的函数并不容易用公式来定义。（这里出现了一个问题：哪种公式？除非你发明一个新符号"sin"，否则"正弦"函数不能用公式来定义。）在许多情况下，在数学中，我们需要由

$$[x] = 最大整数 \leq x$$

来定义的整数部分 $[x]$ 这样的函数。我们还需要这样的函数，它由

$$f(x) = \begin{cases} (x+1)^2 & 如果\ x < -1 \\ 0 & 如果\ -1 \leq x \leq 1 \\ (x-1)^2 & 如果\ < x \end{cases}$$

来定义，如图35所示。

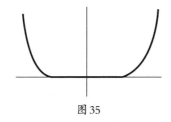

图35

　　在傅立叶分析理论中，我们会遇到像方波一样的函数（图36）。 66

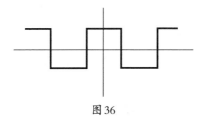

图36

多年来，数学家们一直在争论这是否**是**一个函数。它看起来不像任何熟悉的函数，而且似乎没有公式来表示它。当傅立叶表明，无穷级数

$$\sin (x)+\frac{1}{3}\sin (3x)+\frac{1}{5}\sin (5x)+\cdots$$

可以加在一起给出方波函数时，问题就变得更严重了。因为现在，这些美妙而朴素的三角函数竟然产生了一个长角的怪物！

接下来的争论花了一个多世纪才平息下来。在某种程度上，这是因为"它是函数吗"这个问题与"什么是无穷级数"等其他问题混在一起，但主要是因为每一位数学家对于函数应当是什么样子都有自己的看法，而且无法与其他人达成一致。

67
更一般的函数

我们已经看到，函数 f 并不需要对于变量 x 的所有值都有意义。如果 $f(x)$ 是由一个公式给出的，则这个公式并不一定对于所有 x 都有意义。

使函数有意义的 x 值构成了实数集 **R** 的一个子集。这个集合被称为 f 的**定义域**，它表明函数 f 适用于 x 的哪些值。

在上述函数例子所共有的性质中，有一种性质最为重要：**对于定义域中的每一个元素** x，$f(x)$ **的值是唯一指定的**。

除了定义域，还有一个与函数有关的集合，它被称为函数的**值域**。值域是指对定义域的元素进行赋值时函数可以取的所有可能值。"正弦"函数的值域是介于 -1 和 1 之间的实数集。"平方"函数的值域是正实数集。

简单函数的值域也可能很复杂。值域是正整数集并且满足

$$f(x)=\sqrt{(x!)}$$

（正平方根）的函数 f，其值域是阶乘的所有平方根的集合。很难给出一个比这更有帮助的刻画！

因此，我们对某个函数的精确值域并不太感兴趣。对数值范围作一简单描述往往更有用。使 $f(x)$ 的所有值都位于其中的任何集合 T 都能扮演这个角色。这样一个集合 T 被称为 f 的**目标域**；我们说 f 是**从定义域 D 到目标域 T 的函数**。

于是，一个函数由三种东西所组成：

（1）定义域 D，

（2）目标域 T，

（3）一条规则，对于**每一个** $x \in D$，指定 T 的**唯一**元素 $f(x)$。

第（3）项是核心。

重要的是，**唯一地**定义 $f(x)$，使之没有模糊之处。取平方根并不能定义一个函数，除非我们指明想要的是正平方根还是负平方根。同样重要的是，它对于定义域中的**每一个** x 都有定义，以便关于定义域的知识可以告诉我们何时可以安全地使用 f。知道 f 的精确值域并不特别重要——这往往很难查明，我们希望能够使用 f 而不必担心这个问题——因此我们可以尽可能方便地自由选择 T。

（3）中唯一需要解释的另一个术语是"规则"。假定所有人

都知道什么是"规则"：它告诉我们，给定任何一个 x，如何算出 $f(x)$。但我要补充说，如果 $f(x)$ **原则上**可以由 x 计算出来，那就够了。在**实践**中，计算可能过于困难，或者需要太长时间，以至于不可能做出；它可能依赖于解决某个非常困难的问题。

到目前为止，定义域和目标域一直是实数集。但只要 D 和 T 是**集合**，我们的条件（1）（2）（3）就有意义。此外，在 D 或 T 不是实数集的情况下，（3）所设想的那种规则会自然地出现。这对后面的内容很重要，因此我要举几个例子。

（1）设 D 为所有圆的集合，T 为实数集，对于任何圆 x，定义

$f(x) = x$ 的半径。

（2）设 D 为正整数集，T 为所有质数集的集合；对于任何 $x \in D$，定义

$f(x) = x$ 的质因子集合。

（3）设 D 为平面的一个子集，T 为平面（被认为是集合 $\mathbf{R}^2$），对于 $x \in D$，设

$f(x) = x$ 右边 5 厘米处的点。

（4）设 D 为所有函数的集合，T 为所有集合的集合，对于任何函数 x，定义

$f(x) = x$ 的定义域。

在每一种情况下，定义 $f(x)$ 的规则都很明确。例子（3）特别有趣。在第一章，我们曾定义了这样一个**变换** T：

$$T(x, y) = (x+5, y)。$$

这与确定 f 的规则相同；T 和 f 本质上没有区别。 69

现代"函数"概念是专为适应所有这些例子而量身定做的。从现在起，**函数**将是满足条件（1）（2）（3）的任何东西，其中 D 和 T 可以是非常一般的**集合**。于是，我们之前的函数是一种特殊的函数，即定义域和目标域都在实数集内的那些函数。

用 $f(x, y) = (x+5, y)$ 定义的函数 f 是微积分中所谓**双变量函数**的一个例子。因此，双变量函数也应归入更一般的函数；因为那样一来，定义域将是实数**对** (x, y) 的一个集合，或者 $\mathbf{R}^2$ 的一个子集。

函数概念或可称为当代数学中最重要的概念，因为它有如此广泛的应用。随着我们内容的进行，函数观念将以多种形式反复出现。因此，有必要提出关于函数的一些一般概念。

函数的性质

如果定义域和目标域不是 $\mathbf{R}$ 的子集，就不可能绘制函数图。事实上，对于我们的一般函数概念来说，图示帮助不大。思考函数的一种更好的方式如图37所示。

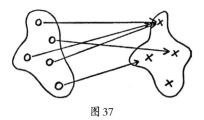

图37

70　图中的箭头表示"规则"，它告诉我们 $f(x)$ 是什么。

　　表示 f 是一个具有定义域 D 和目标域 T 的函数的标准符号是

$$f: D \to T,$$

其中箭头的使用方式相同。

　　在图37中，T 有一个元素没有箭头指向它，f 的值域并非 T 的全部。如果 f 的值域是 T 的全部，就称 f 是一个**到 T 上**（onto）[①]的函数。用来表达这种函数的另一个常用词是**满射**（来自拉丁语：f 把 D 投掷到 T 上）。如果用图来表示，f 是一个满射，只要 T 的每一个元素都有某个箭头指向它，如图38所示。

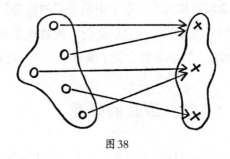

图38

　　如图38所示，是否有多个箭头指向 T 的某些元素并不重要。如果最多有一个箭头（也许没有箭头）指向 T 的每一个元素，那么 f 是一个**单射**。单射无需是满射（图39）。

---

① 这种用法与当前的语法相冲突，后者会把这个词分成"on to"。因此，若想保持语法的纯洁性，就必须把它看成一个单独的专业术语。我怀疑这个词是在美国创造的。

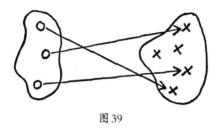

图 39

如果函数 $f: D \to T$ 既是单射又是满射，那么箭头将把 D 和 T 的各个元素配对：D 的某个元素在箭头尾部，T 的某个元素在箭头头部。由于 f 是单射，所以 D 没有两个元素与 T 的同一个元素配对。由于函数定义第（3）项中的唯一性条款，T 没有两个元素与 D 的同一个元素配对。D 的每一个元素都会出现，因为 D 是定义域；T 的每一个元素都会出现，因为 f 是满射。虽然从符号上看并不明显，但情况是完全对称的；若将所有箭头都反向，我们就沿相反方向定义了另一个函数

$$g: T \to D。$$

g 也既是单射又是满射。（见图 40）

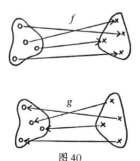

图 40

在我们以后的一些研究中，可以如此反向的函数将会扮演

突出的角色。它们被称为**双射**或**一一对应**。

　　如果f不是双射，那么虽然没有什么可以阻止你把箭头反向，但你将得不到函数。如果f不是单射，那么在反向时，T的某个元素将位于两个不同箭头的尾部，该反向"函数"未被唯一地定义。如果f不是满射，那么T的一些元素将使反向的函数根本没有定义。

　　在第一章，我们将变换F和G组合起来给出了一个新的变换FG，对应于"先做G，后做F"这一观念。但变换是一种函数。我们能以同样的方式对函数进行组合吗？

　　假设我们取两个函数f和g，并试图定义一个函数fg。至于变换，我们希望对于相关的x有

$$fg(x) = f(g(x))。$$

　　要使这个公式有意义，必须满足几个条件。除非定义了$g(x)$，否则就无法算出$f(g(x))$，因此

　　（1）x必须在g的定义域中。

然后，为了算出$f(g(x))$，我们需要知道

　　（2）$g(x)$在f的定义域中。

然后假设$f: A \to B$和$g: C \to D$。由于（1），我们最多只能希望fg有定义域C。为了在整个C上定义它，（2）必须对所有$x \in C$都成立。换句话说，g的值域必须在f的定义域A中。如果这个

条件成立，那么由公式定义的fg将是从C到B的函数。如图41所示。

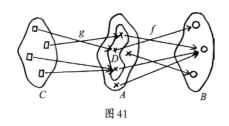

图41

　　函数fg对应于"先做g，后做f"的观念。如果我们有三个函数f、g和h，而且它们的值域和定义域恰当地配合在一起，我们就可以相继做这三个函数：先做h，后做g，然后做f。通过将函数成对地组合起来，有两种方法可以实现这一点。要么先做h后做fg，要么先做gh后做f。这对应于两个表达式：

$$(fg)h \qquad f(gh)。$$

幸运的是，这些做法总是殊途同归。我们是"先做h，后做g和f"，还是"先做h和g，后做f"，最终是没有区别的。如图42所示。

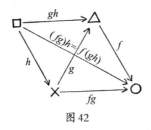

图42

或者我们可以这样计算：

$$(fg) h (x) = (fg)(h(x)) = f(g(h(x)))$$
$$f(gh)(x) = f(gh(x)) = f(g(h(x)))。$$

无论是哪种方式，我们总能看到

$$(fg) h = f(gh)。$$

我们说，我们的组合函数的方法满足**结合律**。

如上所述，只要 f、g 和 h 的值域和定义域恰当地配合在一起，我们就可以将 f、g 和 h 组合起来。很容易理解这意味着什么：h 的值域必须是 g 的定义域的一个子集，g 的值域必须是 f 的定义域的一个子集。让我们回到那个欺骗的公式

$$\log(\log(\sin(x)))。$$

这是通过将 sin、log 和 log 函数组合起来而得到的。如果取 $h=\sin$，$f=g=\log$，则有 $\log(\log(\sin(x))) = fgh(x)$。

正弦函数的定义域是整个 **R**，其值域是 -1 到 1 之间的实数集。对数函数的定义域是正实数集，其值域是整个 **R**。组合函数的条件在几个地方被违反了：对数的值域未包含在正弦的定义域中，对数的值域未包含在对数的定义域中。难怪这个公式没有意义！

最后，让我们回到箭头反向的观念，使之在数学上得体。

在任何集合 D 上都有一个函数被称为**恒等**函数，用 1_D 表示。它有定义域 D、值域 D，对于所有 $x \in D$，由

$$1_D(x) = x$$

来定义。这个函数的结果是使事物保持不变。它用处不大？的确，这个函数并不**难懂**。但若想表达函数的某种组合使事物保持不变，它就有用了。

之前我们有一个双射函数$f: D \to T$。把箭头反向，得到另一个函数$g: T \to D$。为了用符号表示这一点，我们注意到，先做g后做f，一切都没有改变：这不过是在同一个箭头上来回罢了。因此，

$$fg=1_T。$$

类似地，　　　　　　　　　　　　　　　　　　　　　　（†）

$$gf=1_D。$$

方程（†）是对"f和g可以通过箭头反向彼此得到"这样一个事实的符号表达。我们可以说，f是g的**反函数**（以及g是f的反函数）。这里之所以没有写"一个反函数"，是因为很容易证明，反函数是唯一的：箭头反向只有一种方式。

总　　结

本章有些技术难度。为了理解本书的其余部分，需要记住的要点是：

函数是在某个集合上来定义的。

函数在某个集合中取值。

如果有一条规则告诉我们如何就给定的元素找到函数的值，且这个值是唯一指定的，那么该函数就得到了定义。 75

双射或一一对应就是那些有反函数的函数。

这里我并未详细阐述"规则"一词：我把用集合论给出的

一种更深奥的函数定义放到了注释①中，因为这只有纯技术上的
兴趣。

_____

　　①　利用"有序对"的概念，可以给出"函数"的一个纯集合论定义。它通常
会给学生们带来极大困难，因为初看起来，它与"规则"概念相去甚远，而且他们
只遇到过由公式定义的数值函数。

　　问题在于产生一个单独的对象 f，它将定义域中的每一个元素 x 与对应的 $f(x)$
明确地联系起来。对于任何特定的 x，有序对

$$(x, f(x))$$

做得相当好：例如，如果我们有一对（7，24），则我们知道 $f(7)$=24。要想在整
个定义域 D 上指定 f，我们可以使用这样一个集合，它的元素是 x 遍历 D 时的所有
对 $(x, f(x))$。

　　如果 T 是一个目标域，那么所有元素 $f(x)$ 都在 T 中，因此这个有序对的集合
是 $D \times T$ 的子集。根据函数的性质（3），这个子集满足两个条件：

　　（1）对于每一个 $x \in D$，都有某个 $y \in T$，使得 (x, y) 在给定的子集中。

　　（2）如果 (x, y) 和 (x, z) 在该子集中，则 y=z。

　　条件（1）表示 $f(x)$ 对于所有 x 都有定义，条件（2）则确保了唯一性。

　　给定两个集合 D 和 T，我们把一个服从条件（1）和（2）的从 D 到 T 的函数
定义为 $D \times T$ 的一个子集 f。如果 $x \in D$，那么为了找到 $f(x)$，我们可以（a）找
到某个 y，使 $(x, y) \in f$（可以通过（1）做到这一点）；（b）定义 $f(x)$=y，根
据（2），这是明确的。

　　换句话说，任何"规则"都相当于有序对的一个集合。这一点并不是显而易见
的（如果世间的一切都是显而易见的，那将是一场悲剧），但是用一位著名政治家
的话来说，"你知道它行得通"。

　　更多信息请参考 Halmos, *Naive Set Theory*, Van Nostrand, 1964 或 Hamilton and
Landin, *Set Theory*, Prentice Hall, 1961。

第六章　抽象代数初步

　　刚开始学习代数时，你被要求简化像$2x+(y-x)$这样的代数表达式。后来，你对此已经非常习惯，只要看看这个表达式，就能脱口说出答案$x+y$。

　　熟悉生轻慢。你忘了在获得这种技能之前必须经历多少痛苦的阶段，掌握多少不同的思想。如果试着详细写出做这种简化所需的步骤，你就会发现这样的步骤有很多。我简化它的步骤是这样的：

$$2x+(y-x)=2x+(y+(-x)) \tag{1}$$
$$=2x+((-x)+y) \tag{2}$$
$$=(2x+(-x))+y \tag{3}$$
$$=(2x+(-1)x)+y \tag{4}$$
$$=(2+(-1))x+y \tag{5}$$
$$=1 \cdot x+y \tag{6}$$
$$=x+y \tag{7}$$

步骤（1）和（4）是次要的，相当于使用了$-x$或$y-x$的定义，步骤（6）仅仅是算术。但其余的每一步都使用了某些一般的算术定律——也许称之为代数定律要更好。步骤（2）假设了$a+b=b+a$。步骤（3）使用了定律$a+(b+c)=(a+b)+c$。步骤（5）

使用了定律 $ax+bx=(a+b)x$，步骤（6）使用了定律 $1 \cdot x=x$。

我们暂时把与除法有关的定律搁置一旁，列出更重要的定律：

（1）加法的结合律：

$(a+b)+c=a+(b+c)$。

（2）加法的交换律：

$(a+b)=(b+a)$。

（3）存在零：

存在一个数 0，使得对于任何数 a，都有 $a+0=a=0+a$。

（4）存在加法逆元：

对于任何数 a，都有一个数 $-a$，使得 $a+(-a)=0=(-a)+a$。

（5）乘法的结合律：

$(ab)c=a(bc)$。

（6）乘法的交换律：

$ab=ba$。

（7）存在单位元：

存在一个数 1，使得对于任何数 a，都有 $1a=a1=a$。

（8）分配律：

$a(b+c)=ab+ac$

$(a+b)c=ac+bc$。

虽然定律有很多，但这并不会使代数变得复杂。事实上，定律越多就越容易，因为我们有更多方法来简化表达式。

甚至连我们的一些代数符号也依赖于某些定律为真。我们

之所以能够毫无歧义地写出

$$a+b+c,$$

乃是因为结合律成立。

初等代数的大多数内容都是用这些定律来证明公式（尽管并不总是以这种方式呈现）。公式

$$(x+y)^2=x^2+2xy+y^2$$

可以作如下推导。首先请注意，对于任何数 a，我们把 a^2 **定义**为 $a \cdot a$，把 $2a$ **定义**为 $a+a$。其次请注意，$a+b+c$ 是 $(a+b)+c$ 的缩写形式。现在继续：

$$
\begin{aligned}
(x+y)^2 &=(x+y)(x+y) && （符号）\\
&=(x(x+y))+(y(x+y)) && （定律8）\\
&=(xx+xy)+(yx+yy) && （定律8）\\
&=(x^2+xy)+(yx+y^2) && （符号）\\
&=(x^2+xy)+(xy+y^2) && （定律6）\\
&=((x^2+xy)+xy)+y^2 && （定律1）\\
&=(x^2+(xy+xy))+y^2 && （定律1）\\
&=(x^2+2xy)+y^2 && （符号）\\
&=x^2+2xy+y^2 && （符号）
\end{aligned}
$$

只需稍费功夫，就能证明 $(x+y)^3$、$(x+y)^4$ 通常的展开式是成立的；你甚至可以证明（对于整数幂的）二项式定理；所有这些都只使用了定律（1）—（8）。

环和域

定律（1）—（8）并非只对普通数系（**Z**、**Q** 和 **R**）成立。

例如，它们还对模6的整数成立（尽管我将不给出证明）。举几个例子：

$$（1+4）+3=5+3=2=1+7=1+（4+3）$$

$$2·5=4=5·2$$

$$1·4=4=4·1$$

$$3（2+5）=3·1=3=0+3=（3·2）+（3·5）$$

因此，$(x+y)^2$的公式也对模6的整数成立，因为我们只用定律（1）—（8）来推导它。

这里6并没有什么特别的。模2、3、4、5、6、7、……的整数，事实上对于任何n，模n的整数也满足（1）—（8）。$(x+y)^2$的公式对于这些系统也成立，而且有同样的证明。

从内心来说，数学家喜欢偷懒。对于证明结论的正当性而言，为模2、模3、模4、模5、……的每一个整数系的公式写出证明的工作量似乎太大了，特别是当每一次的证明都相同的时候。为什么不认为，此证明适用于满足（1）—（8）的任何系统呢？为了让事情变得更清楚，为什么不给这些系统起一个名称呢？这样就可以避免每一次都列出所有八条定律。

目前流行的名称是：**有单位元的交换环**。这有些累赘。**环**是任何有+和·这两种在其上得到定义的操作的集合S，使得如果s和t在S中，那么$s+t$和$s·t$也在S中，且定律（1）—（5）和（8）成立。（这里应把st解释成$s·t$。）如果（6）也成立，则环是**交换的**。如果（7）成立，则环有**单位元**。最短的名称"环"被用于最常遇到的对象。不过在本书中，由于我们的例子非常有限，我们不会遇到任何非交换环。

用符号$x+y$和xy来表示环中的"加法"和"乘法"仅仅是 79
约定——尽管很有用！如果使用的是□和ɔ，我们也希望相应
的定律成立：这种形式的定律（8）将是

$$a \circ (b \,\square\, c)=(a \circ b) \,\square\, (a \circ c)$$
$$(a \,\square\, b) \circ c=(a \circ c) \,\square\, (b \circ c)。$$

构成环的集合S不必是一个数集。即使是对于模7的整数，
其中S是集合$\{1，2，3，4，5，6，0\}$，元素实际上也不是数；
事实上，只要用第三章"小规模的算术"一节中的表来定义加
法和乘法，它们是什么并不重要。同样，我们可以取**任何**集合
T，然后设

$$S=\{T\text{的所有子集}\}。$$

对于a和$b \in S$，我们定义

$$a+b=(a \cup b)-(a \cap b)$$
$$ab=a \cap b。$$

（见图43）

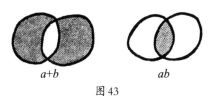

$$a+b \qquad\qquad ab$$

图43

表明定律（1）—（8）对于S上的这些运算成立，是集合
论中一项长期的基本练习。空集Ø在定律（3）中扮演着0的角
色，而T在定律（7）中扮演着1的角色。（1）的两边均如图44
所示。

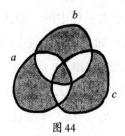

图44

在这个环里，x^2会是什么呢？回想一下，$x^2=xx$。xx的元素是既在x中又在x中的元素：换句话说，就是x中的那些元素，所以$xx=x$。这个环有一个奇特的性质，即对于**每一个**元素，都有$x^2=x$！如果把T取成一个有n个元素的集合，那么S有2^n个元素；在这个环中，二次方程

$$x^2-x=0$$

80　有2^n个解。如果T是一个无限集，则此方程有无穷多个解！

我们说过，在**任何**环中，$(x+y)^2=x^2+2xy+y^2$总是正确的。如果每一个元素都满足$x^2=x$，则这可以归结为

$$x+y=x+2xy+y,$$

由此——顺便说一句，用定律（4）（1）和（3）——可以推出，对于任何x、y，都有

$$2xy=0。$$

实际上不止如此。对于S的任何元素x，都有

$$2x=x+x=(x\cup x)-(x\cap x)=x-x=\varnothing=0$$

因此当然$2xy=0$。虽然这个环有一些非常特殊的性质，但公式$(x+y)^2$不会导致任何矛盾。

被称为环论的数学分支由定律（1）—（5）和（8）的推论，

即对于所有环都成立的那些定理所组成。如果一位数学家在研究过程中偶然发现有一个系统满足所有这些定律，他会说"啊哈！一个环！"他还知道，由此可以推出一系列典型性质。（这很少能解决他的所有问题。）

如果引入除法，那么还有两条定律很重要。

（9）存在乘法逆元：

如果 $a \neq 0$，那么存在元素 a^{-1}，使得 $aa^{-1}=1=a^{-1}a$。

（10）$0 \neq 1$。（这只是为了排除某些无关紧要的系统）

加法和乘法运算满足定律（1）—（10）的集合 S 被称为**域**。第三章关于倒数的结论表明，当且仅当 n 为质数时，模 n 的整数构成一个域。因此，有许多环不是域；例如，当 n **不是**质数时，模 n 的整数就不是域。

在历史上，"环"和"域"的概念产生于对代数数的研究：所谓代数数是指满足某个多项式方程的数，比如 $x^2-2=0$，或 $17x^{23}-5x^5+439=0$。$\pm\sqrt{2}$ 满足第一个方程（关于第二个方程，我不知道答案！）。在理论的某个阶段，对于整数 a 和 b，看看所有数 $a+b\sqrt{2}$ 是有益的。由于

$$(a+b\sqrt{2})(c+d\sqrt{2})=(ac+2bd)+(ad+bc)\sqrt{2},$$

所以这些数构成了一个环。

如果允许 a 和 b 是有理数，我们可以找到逆元：

$$(a+b\sqrt{2})^{-1}=\left(\frac{a}{a^2-2b^2}\right)+\left(\frac{-b}{a^2-2b^2}\right)\sqrt{2}。$$

于是，现在我们有了一个域。人们已经利用环论和域论发现了代数数更深刻的性质。这尤其适用于对一般的五次方程没有根式解的现代证明。①

应用于几何作图

对五次方程进行研究会使我们离题太远，但我们可以就一个较少使用数学技巧的问题说明一些想法。

一个著名的希腊几何学问题（常常被描述为一个与德洛斯神谕有关的传说②）要求，给定长度为1的线，用几何方式作一条长度为$\sqrt[3]{2}$的线。作图要遵守柏拉图的限制，即只使用直尺和圆规。希腊人找不到解决办法（尽管他们**的确**用圆锥曲线找到了一个）。

我们将表明，这样的作图并不存在。

给定长度为r和s的线，可以用图45所示的方法作出长度为$r+s$、$r-s$、rs和r/s的线。（我们假设给定了一条长度为1的线，以固定"尺度"。）

82　　可以作出的长度的集合$\mathbf{K}$是实数集$\mathbf{R}$的一个子集。我们已经看到，在$\mathbf{K}$中可以作加、减、乘、除，由此很容易表明$\mathbf{K}$是一个**域**。我们可以说，$\mathbf{K}$是$\mathbf{R}$的一个**子域**。

---

① 参见第11页注释①。
② 参见 Rouse Ball, *Mathematical Recreations and Essays*, Macmillan, 1959, Chapter 12。

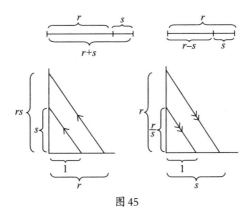

图 45

在 **K** 中我们还可以取正长度的平方根。如图 46 所示。

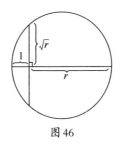

图 46

如果我们从给定的长度 1 开始，然后使用图 45 的作图，我们可以作出长度 2、3、4、……$\frac{1}{2}$、$\frac{1}{3}$、$\frac{2}{3}$……以及一般的所有**有理**长度。接着，对于任何有理数 r，我们都可以作出 $\sqrt{r}$，如图 46 所示。然后，我们可以对于有理数 p 和 q 得到所有形式为

$$p+q\sqrt{r}$$

的长度。所有这些数的集合构成了一个域，称之为 F_1，因为我们可以用公式

$$(p+q\sqrt{r})^{-1} = \left(\frac{p}{p^2 - rq^2}\right) + \left(\frac{-q}{p^2 - rq^2}\right)\sqrt{r}$$

来定义逆元，它推广了对于 $p+q\sqrt{2}$ 所给出的公式。

现在我们可以重新开始。取一个元素 $s \in F_1$，作出 $\sqrt{s}$；然后对属于 F_1 的 p、q 作出所有数 $p+q\sqrt{s}$。这给出了一个更大的域 F_2。对 F_2 重复这个过程，得到域 F_3。一般地，我们得到了一系列不断增大的域：

$$Q \subseteq F_1 \subseteq F_2 \subseteq F_3 \subseteq \cdots \subseteq F_k \subseteq F_{k+1} \subseteq \cdots$$

我们可以在任何 F_i 中作出任何长度。

还有其他可以作出的长度吗？当然，取平方根时，我们可以取不同的元素 r、s、……。但这仍然会引出一系列类似的域。有没有通过我们的程序无法得到的长度？

任何几何作图都可以分解为三种步骤：

（1）找到两条线的交点，这两条线的端点已经作出；

（2）找到一条线与一个圆的交点，这条线的端点、圆的圆心以及一条长度等于圆半径的线已经作出；

（3）找到两个圆的交点，两圆圆心已经作出，圆的半径等于已经作出的长度。

用坐标几何来分析这些，我们发现步骤（1）只产生那些可以由已经通过加、减、乘、除找到的长度所得到的长度。步骤（2）和（3）还能产生已知长度的平方根，但不会产生更多东西。因此，对于恰当选择的 r、s、……，当我们取平方根时，

每一个可作出的长度都在我们的一个域 F_i 中。

现在我们来讨论 $\sqrt[3]{2}$ 的作图问题。如果这是可能的，那么 $\sqrt[3]{2}$ 必定在一个域 F_i 中。**看起来**，$\sqrt[3]{2}$ 似乎不可能只用平方根来表达，但表象也许是骗人的。你确定没有什么复杂的表达式，比如

$$3+\frac{2}{7}\sqrt{(5+6\sqrt{7})}-\sqrt{13}$$

等于 $\sqrt[3]{2}$？

这似乎不大可能，因为它是**立方根**。立方根和平方根是截然不同的种类。这种差异必须有所利用。

首先，我们证明 $\sqrt[3]{2}$ 不是有理数。其证明是关于 $\sqrt{2}$ 不是有理数的标准证明的变种。

让我们相反地假定 $\sqrt[3]{2}$ 是有理数，于是存在整数 c、d，使

$$\sqrt[3]{2}=c/d。$$

c 和 d 可能有一些公因子：如果是这样，我们就消去它们。无论用哪种方法，我们都能找到**没有公因子**的整数 e，f，使

$$\sqrt[3]{2}=e/f。$$

两边立方，乘以 f^3，得到

$$2f^3=e^3。$$

因此，e^3 是**偶数**。奇数的立方是奇数，所以 e 不可能是奇数，所以 e **是偶数**。因此存在一个整数 g，使

$$e=2g。$$

于是，

$$2f^3=e^3=(2g)^3=8g^3。$$

因此，

$$f^3=4g^3。$$

因此，f^3 是偶数，用类似的论证可以证明，**f 是偶数**。因此存在一个整数 h，使

$$f=2h。$$

但现在我们看到，$e(=2g)$ 和 $f(=2h)$ 有公因子 2。然而 e 和 f 并**没有公因子**！

如果存在 e 和 f，它们就有自相矛盾的性质，因此它们不存在。因此 c 和 d 不存在，因此 $\sqrt[3]{2}$ 不是有理数。

为了论证，假定**可以作出** $\sqrt[3]{2}$。我们已经看到它不是有理数。因此，对于相应选择的元素 r、s、……，它必定在某个域 F_k 中。我们不妨把这个 k 取得尽可能小。

让我们记为 $x=\sqrt[3]{2}$。由于 $x \in F_k$，所以

$$x=p+q\sqrt{t} \tag{†}$$

其中 p、q 和 t 在 F_{k-1} 中，但 $\sqrt{t}$ 不在 F_{k-1} 中。（如果 $\sqrt{t}$ 在 F_{k-1} 中，那么 $F_k=F_{k-1}$，所以 $x \in F_{k-1}$，这与我们选择最小的 k 相矛盾。）现在 x 满足

$$x^3-2=0。$$

从（†）中替换，我们发现

$$a+b\sqrt{t}=0$$

其中

$$a=p^3+3pq^2t-2 \qquad\qquad b=3p^2q+q^3t。$$

这意味着 a 和 b 必须都是零。因为如果 $b \neq 0$，我们会有

$$\sqrt{t}=-a/b$$

它在 F_{k-1} 中。但我们刚才说 $\sqrt{t}$ **不**在 F_{k-1} 中，因此 $b=0$，因此也有 $a=0$。

现在考虑数

$$y=p-q\sqrt{t}。$$

你会发现，

$$y^3-2=a-b\sqrt{t},$$

a 和 b 同上。但它们都是 0，所以

$$y^3-2=0。$$

这意味着，y 是 2 的另一个立方根。既然 x 和 y 都是实数，2 只有**一个**实立方根。剩下的唯一可能就是 x=y；但这也不太可能，因为那样一来，

$$p+q\sqrt{t}=p-q\sqrt{t},$$

所以 q=0。由（†）我们得到 x=p，但 p 在 F_{k-1} 中。所以 x 在 F_{k-1} 中。但这又与我们明确选择了**尽可能小**的 k 相矛盾。

我们的逻辑一丝不苟，却陷入了矛盾。唯一可疑的就是我们假设 $\sqrt[3]{2}$ **可以**作出，所以这一定是我们麻烦的根源：只有在 $\sqrt[3]{2}$ **无法**作出的情况下，我们才能避免矛盾。因此，情况必定如此。

关于几何作图的其他问题也可以用类似的方法来解决。将 60° 角三等分可以归结为作出 x，使得

$$x^3-3x=1。$$

用类似的论证可以证明这是不可能的。"化圆为方"意味着作出 x=π。由于 F_i 中的数只有通过取平方根才能得到，因此可以看出，它们必须满足某个多项式方程

$$a_nx^n+a_{n-1}x^{n-1}+\cdots+a_1x+a_0=0,$$

其中的系数 a_i 都是有理数。有一个著名的**林德曼定理**（theorem

of Lindemann）[①]断言，π不满足这样的方程，因此化圆为方是不可能的。

在这方面，应当提到正多边形的作图问题。正n边形的作图与多项式方程

$$x^{n-1}+x^{n-2}+\cdots+x+1=0$$

密切相关。对此的深入分析表明，当且仅当

$$n=2^a \cdot p_1 \cdots p_b,$$

其中这些p是形如

$$2^{2^c}+1$$

的**互不相同的奇**质数时，才能作出正n边形。

我们只知道$c=0$、1、2、3、4时其结果是质数，此时我们得到3、5、17、257、65537。这些边数的正多边形是可以作出来的：17、257或65537的情况非常令人惊讶！

所有这些说法指的都是理论上的**精确**作图。实际上，一个人只需要足够好的**近似**作图，它对于所有较小的n都存在；也就是说，n小到能够看清楚最终多边形的边即可！

再谈同余

我承诺要证明算术模n定义了一个环。

在证明开始之前，还有一个小的障碍：环的定律要求等量，而我目前只能提供同余。克服这个障碍之后，还需要证明定律为真。

---

① 林德曼在1882年证明了他的定理。参见 Stewart, *Galois Theory*, Chapman & Hall, 1973, p. 74。

和往常一样，我们取算术模7的特例。在第三章，我们看到整数集 **Z** 分成了七个子集，分别对应于一个星期的七天。例如，星期三对应于数集 $\{\cdots-11,\ -4,\ 3,\ 10,\ 17\cdots\}$，其中数的形式是 $7n+3$。

这些正好是与3同余（模7）的数。如果用 $[x]$ 表示与 x 同余的数集，那么与一星期七天对应的数集是 $[0]$、$[1]$、$[2]$、$[3]$、$[4]$、$[5]$、$[6]$。集合 $[x]$ 被称为**同余类**。此外，我们还有 $[7]=[0]$、$[8]=[1]$、$[9]=[2]$，等等，因为一个数与7同余，当且仅当它与0同余。

在第三章，我们有 7=0、8=1、9=2 这样的"方程"。但我们指出，"="并非**真正的**相等。不过对于方程 $[7]=[0]$，"="**是**相等，集合 $[7]$ 和 $[0]$ 是等同的。这表明，通过在各处加上方括号，我们可以从同余中恢复等量。

为此需要定义同余类的和与积。这似乎很大胆。不过在本章稍早的地方，我们对一个固定集合 T 的子集定义了它们，因此对集合进行加或乘的想法并非完全没有先兆。

我们可以用模7的加法表和乘法表来定义它们：只需给每一项加上方括号。于是我们有

$$[4]+[5]=[2]$$
$$[3]+[1]=[4]$$
$$[5]\times[2]=[3]$$

等等。

这朝着正确方向迈出了一步，但隐藏了一个重要的简化。请注意，$[2]$ 是与 $[9]$ 完全相同的集合，所以 $[4]+[5]=[9]$。

而 $[3]=[10]$，所以 $[5]\times[2]=[10]$。我们又回到了普通算术。一般地，我们有

$$[a]+[b]=[a{+}b]$$
$$[a]\times[b]=[ab]。$$

(‡)

88　　你可以验证这是否给出了与之前相同的加法表和乘法表。如果验证，你会发现甚至连这两种情况所涉及的计算也基本相同：一个有括号，另一个没有。

我们绕这么大一圈仅仅是为了再次回到普通算术吗？并非如此。加法、乘法定律和普通算术是一样的，但我们还有一些额外的性质，比如 $[7]=[0]$。我们有普通算术，**加上**选择放弃7的倍数。这就是算术模7应有的样子。

既然算术模7的定律与普通算术的定律基本相同，我们得到一个环就不足为奇了。为了证明定律（8），我们按照以下方式进行：

$$[a]\cdot([b]+[c])=[a]\cdot([b{+}c])\qquad（+的定义）$$
$$=[a(b{+}c)]\qquad（\cdot 的定义）$$
$$=[ab{+}ac]\qquad（对于普通整数的定律8）$$
$$=[ab]+[ac]\qquad（+的定义）$$
$$=([a]\cdot[b])+[a]\cdot[c])（\cdot 的定义）$$

所有其他定律也同样简单。一切都回到了普通整数。

同样的想法也适用于任何 n 的模 n。首先定义同余类 $[x]$，然后用(‡)定义加法和乘法，然后证明定律（1）—（8）。

这里必须提到，(‡)比它看起来更微妙。它告诉我们，$[1]+[3]=[4]$。**但它也告诉我们，$[8]+[10]=[18]$。由于 $[1]=[8]$，**

［3］=［10］，所以它似乎告诉我们两个不同的和。然而［4］=［18］
（这时我们可以松一口气了），所以它其实给出了同一个答案。

我们并非总是如此幸运。如果把 **Z** 分成两个子集 P 和 Q：

$$P=\{\text{整数}\leqslant 0\}$$

$$Q=\{\text{整数}>0\}$$

设［x］是整数 x 所属的 P 或 Q——这类似于用［x］来表示 x 所属的任何一个同余类——我们便遇到了麻烦。用公式(‡)来定义 $P+Q$，我们得到：

$$P+Q=［-5］+［1］=［-5+1］=［-4］=P$$

$$P+Q=［-3］+［6］=［-3+6］=［3］=Q。$$

就 P 和 Q 而言，这使(‡)成为一个相当无用的定义！事实上，它根本不是一个定义。

然而对于同余类，(‡)非常明确，不用费力就能证明。如果［a］=［a'］，［b］=［b'］，那么 $a-a'=jn$，$b-b'=kn$，其中 j 和 k 是整数，n 是模数。因此 $(a+b)-(a'+b')=(j+k)n$，由此可得［$a+b$］=［$a'+b'$］，一切都没有问题。对于同余类，用(‡)可以**很好地定义**＋和·的运算。

一种引入复数的方法

如果我们想解方程 $x^2+1=0$，就会出现复数。[①] 我们引入一个新的数 i，定义为 $i^2=-1$。为了能做加法和乘法，我们必须有

[①]　那些没有接触过复数的读者可以参考 W. W. Sawyer, *Mathematician's Delight*, Penguin Books, 1943。

$a+bi$ 形式的数，其中 a 和 b 为实数。最终我们看到，如果假设算术定律成立，似乎没有什么问题。一个意外收获是，我们还可以做除法。

这一切都很好，但解释不了太多东西。它甚至无法**证明**算术定律**确实**成立。此外，数 i 看起来很神秘：这就是为什么实数被称为"实"，虚数被称为"虚"的原因。这很遗憾——不是因为它对虚数有所冒犯，而是因为它给实数带来了一种它们根本不配拥有的可敬印象！

有一种引入复数的方法对复数与模 n 的整数进行类比。在模 7 的整数中，我们希望方程 7=0 成立，所以我们取模 7 同余。在复数中，我们希望 $x^2+1=0$ 成立，所以我们取模 x^2+1 同余。至少，这是总的想法。首先，我们必须找个地方取同余。

这个地方必须包含 x。我们希望实数进入最终结果，所以必须加入实数。我们想做算术，所以希望有 $x+x$、xxx、$xxxx+7x-3$ 之类的东西。这些东西像是——而且的确是——x 的实系数多项式。我们已经知道如何对多项式作加法、减法或乘法，我们知道算术定律是成立的。至少，我们一直认为算术定律是成立的，这不是完全相同的事情。但如果愿意，我们可以证明它们是成立的。这意味着多项式构成了一个环。我们用 **R** $[x]$ 表示这个环，其中 **R** 表示系数是实数，x 告诉我们变量是什么，方括号与同余没有任何关系。

在环 **R** $[x]$ 中，我们可以取模 x^2+1 同余。我们说，如果两个多项式之差可以被 x^2+1 整除，则这两个多项式是同余的。每一个多项式都与它除以 x^2+1 所得的余数同余。例如，

$$x^3+x^2-2x+3=(x^2+1)(x+1)+(-3x+2)$$

因此,

$$x^3+x^2-2x+3 \equiv -3x+2 \qquad (模\ x^2+1)。$$

事实上,每一个多项式都与形式为 $ax+b$ 的唯一多项式同余,其中 a 和 b 是实数。我们可以通过减去 x^2+1 的倍数来消去所有更高次的项。

常数多项式看起来很像实数,甚至取了模 x^2+1 同余。多项式 x 满足

$$x^2 \equiv -1 \qquad (模\ x^2+1)$$

因此 x 表现得就像虚数 i。于是,多项式 $ax+b$ 的表现就像我们希望复数 $ai+b$ 的表现一样。

此外,我们可以完全按照模 n 情况下的方法来证明,定律(1)—(8)对于同余类(模 x^2+1)是成立的,只不过这一次它们都回到了多项式环 $\mathbf{R}[x]$。

最后,我们注意到,

$$(ax+b)(-ax+b) \equiv -a^2x^2+b^2$$
$$\equiv a^2+b^2$$

因此,只要 $ax+b \neq 0$,我们就可以找到 $ax+b$ 的一个逆元

$$\left(\frac{-a}{a^2+b^2}\right)x+\left(\frac{b}{a^2+b^2}\right)$$

我们有一个域。

这是一项意外收获,因为我们是从一个不是域的 $\mathbf{R}[x]$ 开始的。但同样的事情也发生在模 n 上。我们从一个不是域的 $\mathbf{Z}$ 开始。当 n 为质数时,我们发现模 n 的整数构成了一个域。这里

发生了几乎相同的事情：多项式 x^2+1 是多项式环中的"质数"，它无法作因子分解。

91　　　我们可以从这里继续发展出复数的所有标准性质。

我并不是说这是向学生们介绍复数的**最佳**方法。但**如果**他们在模 n 算术方面有扎实的基础，并且**如果**对复数有所研究，那么这将是一个有启发性的类比。我们甚至可以说，复数就是模 x^2+1 多项式的同余类。这有些古怪，但并不神秘。

更轻松的局面

环和域的理论还可以用于与抽象代数相去甚远的情况。

你也许知道，**单人跳棋**游戏是在一个如下样式的有孔的棋盘上进行的。

开始时，除中心以外的每个孔上都有一颗木钉。玩家可以将任意一颗木钉水平或竖直地跳过另一颗相邻的木钉，跳到一个空的孔中，并移除跳过的木钉。斜向移动是不允许的。其目标是把木钉移除得只剩一颗。通常要求最后一颗木钉最后应在中心处。玩这种游戏的人如果玩得足够好，都会注意到，虽然最后一颗钉木并不一定最后在中心处，但似乎不可能使它终止于随便什么位置。最终位置的数目是有限的。

我们会问：最后一颗木钉可以在什么位置？我们将使用一个有4个元素的域，用德布鲁因（de Bruijn）的方法来回答这个问题。[1]元素将是0、1、p和q，加法和乘法由下表来定义。

+	0	1	p	q		×	0	1	p	q
0	0	1	p	q		0	0	0	0	0
1	1	0	q	p		1	0	1	p	q
p	p	q	0	1		p	0	p	q	1
q	q	p	1	0		q	0	q	1	p

92

这里我们将不去验证这些表确实定义了一个域，但事实的确如此。如果不信，你可以试着做些计算。

我们注意到，方程

$$p^2+p+1=0 \qquad (\S)$$

成立。（这是至关重要的，也是我们使用这个域的原因。）因为

$$p^2+p+1=q+p+1$$
$$=1+1$$
$$=0$$

我们为棋盘上的孔指定整数坐标，如下所示：

$$(-1, 3)(0, 3)(1, 3)$$
$$(-1, 2)(0, 2)(1, 2)$$
$$(-3, 1)(-2, 1)(-1, 1)(0, 1)(1, 1)(2, 1)(3, 1)$$
$$(-3, 0)(-2, 0)(-1, 0)(0, 0)(1, 0)(2, 0)(3, 0)$$

---

[1] 参见 de Bruijn, 'A Solitaire Game and Its Relation to a Finite Field', *Journal of Recreational Mathematics* 5, 1972, p. 133。

（–3，–1）（–2，–1）（–1，–1）（0，–1）（1，–1）（2，–1）（3，–1）
（–1，–2）（0，–2）（1，–2）
（–1，–3）（0，–3）（1，–3）

　　我们把棋盘上一组木钉的集合定义为一种**情况**。对于任何情况 S，我们定义一个**值**

$$A(S)=\sum p^{k+l},$$

其中符号 $\sum$ 表示对于集合 S 中木钉的所有坐标 (k, l) 将所有 p^{k+l} 相加。（你也许会发现，这使 A 成为这样一个**函数**，其定义域为可能情况的集合，目标域为有 4 个元素的域）。例如，对于以下这种情况（木钉以黑色标记），

S 是集合 {（–2，–1），（–1，0），（0，0），（0，–1），（2，0），
（1，2）}，我们有

$$A(S)=p^{-2-1}+p^{-1+0}+p^{0+0}+p^{0-1}+p^{2+0}+p^{1+2}$$
$$=p^{-3}+p^{-1}+p^{0}+p^{-1}+p^{2}+p^{3}$$
$$=1+q+1+q+q+1$$
$$=1+q$$
$$=p。$$

函数 A 的定义使它具有一种非常好的性质：如果一步合法的移动将情况 S 变成了情况 T，那么 $A(S)=A(T)$。一种情况的值不会

被合法的移动所改变，因此在整个游戏中保持不变。

要想看到这一点，考虑向左移动一步。(k, l) 和 $(k-1, l)$ 上的木钉被替换为 $(k-2, l)$ 上的一颗木钉。值的变化为

$$p^{k-2+l}-p^{k-1+l}-p^{k+l}$$
$$=p^{k+l}(p^{-2}-p^{-1}-1)$$
$$=p^{k+l}(p+p^2+1)$$
$$=0，根据（§）。$$

对于向右、向上或向下移动一步也是类似。

另一个有此性质的函数被定义为

$$B(S)=\sum p^{k-l}$$

（也是对所有 $(k, l)\in S$ 求和）。因此，我们可以给每一个位置分配这个域的一个元素对

$$(A(S),\ B(S))。$$

有 16 个这样的元素对，它们都对应于合适的位置 S。它们把各个位置分成 16 个集合，使得一系列移动不会改变位置所属的集合。

游戏的初始情况是 $A(S)=B(S)=1$，因此可能在游戏中出现的任何位置也有 $A(S)=B(S)=1$。对于 (k, l) 上的单颗木钉，我们得到

$$A(S)=p^{k+l}$$
$$B(S)=p^{k-l}，$$

因此对于任何合法的最终位置，我们必定有

$$p^{k+l}=p^{k-l}=1。$$

等于 1 的 p 的幂为 p^{-6}、p^{-3}、p^0、p^3、……以及一般的 p^{3n}，所以 $k+l$ 和 $k-l$ 是 3 的倍数，由此可得 k 和 l 是 3 的倍数。因此，

94 只剩下一颗木钉时可能到达的位置是（-3，0）、（0，3）、（3，0）、（0，-3）和（0，0）。

　　这并不表明这些位置是可能的，但它确实消除了很多不可能的位置。事实上，所有这些位置**都是**可能的。

　　无论棋盘是什么形状，只要孔排成了行和列，同样的分析就管用。你也可以用类似的方式考虑三维棋盘。

第七章 对称性：群的概念

> "现在我们不用任何数学就能解决这个问题：除了群论。"
>
> ——剑桥大学的一位教授

人们很早就认识到，自然之中有很多种对称性。人体大致相对于一条竖直的线（更确切地说是一个竖直平面）对称，这就是为什么镜子似乎会把左右颠倒的一个原因。这种对称性被称为**左右**对称。

马恩岛（Isle of Man）的三腿奔跑符号，以及万字符，都具有旋转对称性（图47）。

图 47

一个形状可以同时相对于几条线对称，也可以是左右对称和旋转对称的组合。正方形相对于对角线和与一条边平行的中心线是左右对称的：它也可以旋转90°。

　　壁纸图案展示了一种完全不同的对称。整个图案可以沿不同的方向移动，看起来不会有任何不同。

　　注意到一个物体是对称的，可能有强大的数学威力。第二章关于等腰三角形的讨论可以归结为断言它们是左右对称的。在数学物理学中，像能量守恒这样的定律可以由宇宙的某些（假定的）对称性推论出来。像对称性这样基本的性质应该很容易作数学分析，事实也的确如此。第一步是就对称性给出一种可行的定义，以确保我们讨论的是同一个事物。否则，我们可能会把"对称"与"美"或"复杂"相混淆。

　　对称性的本质是形状可以来回移动，但看起来仍然一样。然而，个别点不必停留在同一位置。如果将正方形 $ABCD$ 围绕其中心旋转一个直角，如图48所示，则角 A 移到 B，B 移到 C，C 移到 D，D 移到 A。

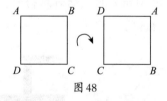

图48

　　因此，重要的不是这些点的位置，而是移动它们的操作。"旋转一个直角"描述了正方形的一种对称性，"相对于一条竖直的线反射"也是如此。这些就是我们之前所说的刚性运动，可以称之为值域和定义域都等于平面 $\mathbf{R}^2$ 的某些函数。

于是，对于 $\mathbf{R}^2$ 的任何子集 S，我们可以把 S 的**对称性**定义为一种刚性运动 $f: \mathbf{R}^2 \rightarrow \mathbf{R}^2$，使得对于所有的点 $x \in S$，应用 f 的结果 $f(x)$ 也在 S 中。我们可以把最后这个条件表示为 $f(S) = S$。用几何语言来说，S 的对称性是平面的一种刚性运动，它使 S 保持在同一位置，尽管 S 的个别点可以移动。

我们不必局限于平面，三维空间也同样可以。

三腿奔跑符号有一种明显的对称性：绕中心（比方说）沿顺时针旋转 $120°$。我们把相应的函数（或刚性运动）称为 w。另一种对称性是旋转 $240°$，我们把相应的函数称为 v。初看起来，可能的对称性只有这些，但和往常一样，我们也必须注意平凡的情况。还有第三种对称性，即恒等函数。每一个点都保持固定，这符合我们的定义，所以必须包括它。为了提醒我们记住它的本质，我们使用符号 I。三腿奔跑符号的对称性集合是 $\{I, w, v\}$。

旋转 $240°$ 相当于旋转两次 $120°$。换句话说，$ww=v$，其中的乘积如第五章的定义。为简化起见，我们把 ww 写成 w^2，把 www 写成 w^3，等等，因此 $w^2=v$。类似地，$v^2=w$：如果旋转 $240°$ 两次，那么结果和旋转 $120°$ 是一样的，因为 $360°$ 是旋转一整圈，将使一切都保持固定。事实上，如果取任何两种对称性的"乘积"，就会得到第三种对称性。我们得到一张表：

$\times$	I	w	v
I	I	w	v
w	w	v	I
v	v	I	w

（其中a行b列的项是ab）。

使用这张表，我们看到$w^3=I$。这是有意义的，因为旋转120°三次将使每一点都回到初始位置。

任何两种对称性的乘积也是一种对称性，这通常被表述为：对称性的集合在乘法运算下是**封闭的**。如果不把I作为一种对称性包括进来，我们就会失去这种性质，这就像在某种算术中，某些数无法加在一起得到一个数。没有它也**可以**，但有它就简单多了。

对称性及其乘法的这个集合是"群"这种数学结构的一个例子。稍后我们将定义一个群，但现在我们只需要这个词。我们已经找到了三腿奔跑符号的**对称群**。

每一个形状都有一个对称群。人体形状有两种对称性：一种是恒等性，另一种是相对于竖直线的反射r。乘法表是

$$\begin{array}{c|cc} \times & I & r \\ \hline I & I & r \\ r & r & I \end{array}$$

98　同样，对称性的集合在乘法下是封闭的。让我们举一个更复杂的例子。等边三角形（图49）有六种对称操作。

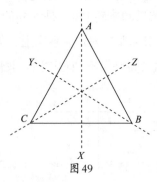

图49

存在恒等性 I，以及沿顺时针旋转 $120°$ 和 $240°$ 的 w 和 v。还有相对于直线 X、Y、Z 的反射 x、y、z（三角形移动时，这些直线被认为保持固定）。在考虑三腿奔跑符号时，这些反射不会出现，因为它们使脚指向了错误的方向。

对称性集合 $K=\{I, w, v, x, y, z\}$ 在乘法（作为函数）下是封闭的，我们得到下表：

×	I	w	v	x	y	z
I	I	w	v	x	y	z
w	w	v	I	z	x	y
v	v	I	w	y	z	x
x	x	y	z	I	w	v
y	y	z	x	v	I	w
z	z	x	y	w	v	I

例如，我们是这样计算 wx 的：wx 的意思是"先做 x，后做 w"。三角形

99

$$A$$
$$C\ B$$

在 x 下，移到

$$A$$
$$B\ C$$

然后在 w 下，移到

$$B$$
$$C\ A$$

这和 z 的结果一样，所以 $wx=z$。

看看 yz 的情况。在 z 下，三角形移到

$$B$$
$$C \quad A$$

在 y 下，移到

$$C$$
$$B \quad A$$

（请记住，直线 X、Y、Z 保持固定）。但这正是 w 所做的事情，所以 $yz=w$。

你现在可以发现，这张表是正确的。为形象起见，做一个纸板三角形，标出它的各个角；在一张纸上在它周围划线，**在纸上标出** X、Y、Z。

一般来说，要想找到一个图形的对称群，我们必须

（1）找到所有对称性，

（2）做乘法运算。

在所有情况下你都会发现，这个集合在乘法下是封闭的。这并非偶然。如果 f 和 g 是刚性运动，那么 fg 也是如此。如果 f 和 g 都使集合 S 保持不变，那么 fg 也是如此，因为 $fg(S)=f(g(S))=f(S)=S$。如果做 f 或 g 不改变形状，那么做 f 和 g 也不改变形状。

同样的想法也适用于立体。立方体有24种旋转对称性，如果包含反射有48种。我们可以将任何顶点移到任何其他顶点，以三种方式旋转该顶点所在的边。正十二面体有60种旋转对称

性，如果包含反射有120种。当然，我们不必费心去计算出乘法表！除了列出所有可能的乘积，还有其他方法可以表达对称性之间的关系，这里我们就不作深入讨论了。[①]

100

群的概念

"群"的概念是从诸如此类的例子中抽象出来的，就像从算术中抽象出"环"的概念一样。我不拐弯抹角，先给出定义再来讨论。

一个**群**由以下内容组成：

（1）一个集合 G。

（2）一种**运算**"*"，对于 G 的任意元素 x 和 y，它指定了一个**同属于** G 的元素 $x*y$。

这种运算需要满足三条定律：

（3）服从结合律：对于任何 x、y、$z \in G$，都有

$$x*(y*x) = (x*y)*z。$$

（4）存在一个恒等元素 $I \in G$，使得对于任何 $x \in G$，都有

$$I*x = x = x*I。$$

---

① 例如参见 Ledermann, *Introduction to Group Theory*, Oliver & Boyd, 1973。
康威（J. H. Conway）有一篇论文："A Group of Order 8 315 553 613 086 720 000", *Bulletin of the London Mathematical Society* 1, 1969, pp. 79–88。我们很难用乘法表来定义这个群！（我们不应认为数学家花时间去构造越来越大的群。康威的群的大小并不重要，但它有几个非常显著的特性。）

（5）存在逆元：对于任何 $x \in G$，存在 $x' \in G$，使得
$$x*x'=I=x'*x。$$

集合可以出现在许多截然不同的场合。以下是一些例子：

（i）G 是三腿奔跑符号的对称性集合，*是对称性的乘法。我们需要检验性质（1）—（5）：（1）显然为真，因为我们刚刚定义 G 为一个集合。由于封闭性，（2）也成立。（3）为真，**因为它对于函数是正确的**。（4）为真，我们早已用 I 来表示恒等函数了。最后，（5）为真：我们可以取 $I'=I$，$v'=w$，$w'=v$。

（ii）设 G 为整数集：$G=\mathbf{Z}$，于是（1）成立。设*为加法运算+，于是（2）成立，因为如果 a 和 b 是整数，则 $a+b$ 也是整数。条件（3）是第六章开头的算术定律（1），条件（4）是定律（3）（0 扮演 I 的角色），条件（5）是定律（4）。

（iii）设 $G=$ 实数集 $\mathbf{R}$，*=+。论证如（ii）。

（iv）设 G 为非零有理数的集合，设*为乘法运算。G 是一个集合，两个非零有理数的乘积也是一个非零有理数，于是（1）和（2）成立。条件（3）是第六章开头的定律（5），它对有理数成立，条件（4）是定律（7）（1 扮演 I 的角色）。有理数构成了一个域，因此条件（5）是定律（9），在任何域中都成立。

（v）设 S 为平面的任意子集，G 是其对称性的集合，*是函数的乘法。于是如例（i）所示，我们有一个群。

应当强调，要想有一个群，这五项条件必须全部满足。

如果取 G 为 -10 到 10 之间整数的集合，*为加法，那么就会违反（2）：6+6 **不是** G 的一个元素。

在加法运算下，大于 1 的整数集没有满足（4）的元素。

在减法运算下，整数集违反条件（3），因为减法不服从结合律：

$$（2-3）-5=-6 \neq 4=2-（3-5）。$$

在乘法运算下，所有有理数的集合**不是**一个群。对于 I，我们唯一所能找到的元素就是 1，然后，我们找不到一个元素 $0'$ 使 $0'0=1$；因为对于任何有理数 r，我们都有 $r×0=0$，所以 $0'0=0$，而不是 1。

因此，这些都没有定义群。

我想就运算*说几句。给定任何一个元素对 (x, y)，其中 x、$y \in G$，我们都会得到 G 的唯一元素 $x*y$。这意味着*定义了一个函数，其定义域是元素对 (x, y) 的集合 $G×G$，其目标域（事实上是值域）是 G。我们可以把一种运算定义为一个函数

$$*: G×G \to G$$

只要我们同意 $x*y$ 为 $*(x, y)$ 的简写。一旦这样做，条件（ii）就自动成立，或者可以省略——除非我们必须在某个特定的情况下检验，*确实是从 $G×G$ 到 G 的函数。

102

一旦我们理解了这些概念，就可以对符号进行简化。我们可以不写 $x*y$，而是写 xy（请记住，这并不一定是普通的乘法），

然后就可以很自然地写出$x'=x^{-1}$。如果在整数群中做加法，但使用这种符号，那么xy表示$x+y$，x^{-1}表示$-x$。请务必搞清楚！

子　　群

如果从三角形的六种对称性中选出I、w、v这三种，我们发现它们构成了大群中一个较小的群。你可以用乘法表或几何方法进行检验：这些对称性不会把三角形翻转过来，如果两种这样的对称性相乘，得到的对称性也不会把三角形翻转过来。

较大的群中这个较小的群是**子群**的一个例子。如果G是一个带有运算*的群，且G的子集H在运算*下构成了一个群，则H是一个子群。

并非每一个子集H都是子群。如果尝试$H=\{x, y, z\}$，我们就不会得到一个群，因为$xy=w$，而w不在H中。如果h和k在H中，那么必定有

（i）$h*k \in H$

（ii）$h^{-1} \in H$

由此可以推出，对于非空的H，

（iii）$I=h*h^{-1} \in H$。

反过来，条件（i）和（ii）足以确保非空子集H是一个子群，因为如果结合律在G中成立，则结合律在H中也必定成立。

子群极为常见。在加法运算下，整数群有包含所有偶数的子群，所有3的倍数的子群，所有4的倍数的子群，所有5的倍数的子群，……。每一个群G都是它自身的一个子群，比如单

元素集合 {*I*}，它有一个平凡的乘法表

$$
\begin{array}{c|c}
\times & I \\
\hline
I & I
\end{array}
$$

等边三角形的对称群总共有六个不同的子群：

$$\{I,\ w,\ v,\ x,\ y,\ z\}$$

$$\{I,\ w,\ v\}$$

$$\{I,\ x\}$$

$$\{I,\ y\}$$

$$\{I,\ z\}$$

$$\{I\}$$

　　一个群（如果有限）中元素的数目被称为群的**阶**。我们刚刚找到了一个6阶群，其子群的阶为1、2、3、6。很容易看出这些数都能**除尽**6。如果再看几个例子，我们就很容易猜测，子群的阶总能除尽群的阶。

　　这个猜测是正确的：在群的抽象概念得到定义**之前**，拉格朗日（Lagrange）就已经证明了这个定理！

　　设 $K=\{I,\ w,\ v,\ x,\ y,\ z\}$，考虑子群 $J=\{I,\ x\}$。对于任何元素 $a \in K$，我们构造**陪集** $J*a$，其定义为

$$\{I*a,\ x*a\}。$$

我们是将 J 的每一个元素乘以 a，然后把得到的元素聚集成这个集合。计算可得：

$$J*I=\{I,\ x\} \qquad J*x=\{I,\ x\}$$

$$J*v=\{v,\ z\} \qquad J*z=\{v,\ z\}$$

$$J*w=\{w,\ y\} \qquad J*y=\{w,\ y\}$$

我们注意到以下几点：

（1）只有3个不同的陪集。

（2）其中一个是 J 本身。

（3）不同的陪集没有任何共同元素。

104

（4） K 的每一个元素都在某个陪集中。

（5）每一个陪集都有相同数目的元素。

由（2）和（5）可知，每一个陪集都有2个元素。由（3）和（1）可知，所有陪集加起来有 $2 \cdot 3 = 6$ 个元素。由（4）可知，K 有6个元素。这不仅解释了为什么 J 的阶可以除尽 K 的阶，而且说明做此除法将会得到陪集的数目。

对拉格朗日定理的证明也遵循同样的思路。可以表明，（1）—（5）对于任何群 K 和任何子群 J 都成立（除了在（1）中我们得到了未知数 c 个陪集）。如果 J 的阶是 j，K 的阶是 k，则 $k=jc$。因此 j 可以除尽 k。做些准备工作之后，性质（2）—（5）都可以从群公理中推导出来。

这是一个引人注目的定理。从关于群和子群的听起来模糊不清的（实际上超精确的）抽象概念中，我们提取出一种具体的**数值**关系。如果给你一个615阶的群，那么即使**没有**关于乘法表的任何信息，你也会知道，其子群的阶只可能是1、3、5、15、41、123、205或615。

有人也许会问，是否所有这些子群都必定会出现。正十二面体的旋转群是60阶，但没有15阶的子群，尽管15可以整除

60。我们最多可以一般地说**西罗定理**（Sylow's theorem）：如果 h 是一个质数的幂，且能被群 G 的阶整除，那么 G 有一个 h 阶的子群。因此我们的 60 阶群肯定有 2、3、4、5 阶的子群。任何 615 阶的群都有 3、5 和 41 阶的子群。

同　　构

产生 6 元素群还有其他方式。如果取集合 $S=\{a, b, c\}$，那么存在 6 个**双射** $S \to S$，即由

	p	q	r	s	t	u
a	a	a	b	b	c	c
b	b	c	a	c	a	b
c	c	b	c	a	b	a

给出的函数 p、q、r、s、t、u。例如，其中函数 s 在 b 的值 $s(b)$ 是 b 行 s 列的项，即 c。

105

一个集合与它自身之间的双射被称为该集合的**置换**。

在函数的乘法下，这 6 个双射构成了一个群，其乘法表为

$\times$	p	q	r	s	t	u
p	p	q	r	s	t	u
q	q	p	t	u	r	s
r	r	s	p	q	u	t
s	s	r	u	t	p	q
t	t	u	q	p	s	r
u	u	t	s	r	q	p

例如，要想找到 rs，我们有

$$rs(a) = r(s(a)) = r(b) = a$$
$$rs(b) = r(s(b)) = r(c) = c$$
$$rs(c) = r(s(c)) = r(a) = b$$

这使得 rs 和 q 有相同的结果，因此 $rs=q$。

　　这与等边三角形的对称群并不**相同**，因为它的元素是不同的。但除了都是6阶，这两个群有很强的相似性。

　　等边三角形的每一种对称性都会以如下方式重新置换顶点 A、B、C：

	I	w	v	x	y	z
A	A	B	C	A	C	B
B	B	C	A	C	B	A
C	C	A	B	B	A	C

这表明，通过将大写的 A、B、C 变成小写的 a、b、c，我们把刚性运动与置换配成了对：

$$
\begin{array}{cccccc}
p & q & r & s & t & u \\
\updownarrow & \updownarrow & \updownarrow & \updownarrow & \updownarrow & \updownarrow \\
I & x & z & w & v & y
\end{array}
$$

106　如果重写这两张乘法表，使这里成对的元素出现在上栏和侧栏的相应位置，然后填入原表中的乘积，我们得到：

$\times$	I	w	v	x	y	z
I	I	w	v	x	y	z
w	w	v	I	z	x	y
v	v	I	w	y	z	x
x	x	y	z	I	w	v
y	y	z	x	v	I	w
z	z	x	y	w	v	I

$\times$	p	s	t	q	u	r
p	p	s	t	q	u	r
s	s	t	p	r	q	u
t	t	p	s	u	r	q
q	q	u	r	p	s	t
u	u	r	q	t	p	s
r	r	q	u	s	t	p

各个元素不仅出现在表的上栏和侧栏的相应位置，而且还出现在表的主体的相应位置。例如，I 和 p 出现在以下位置：

$$
\begin{array}{c}
* \\
\quad * \\
\quad * \\
\qquad * \\
\qquad * \\
\qquad *
\end{array}
$$

x、q 占据着

$$
\begin{array}{c}
\quad * \\
\quad * \\
\qquad * \\
\; * \\
\quad * \\
\quad *
\end{array}
$$

我们不应对此感到太过惊讶，因为置换的相乘方式与对称性的相乘方式密切相关。这表明，两个并不完全相同的群可以有相同的结构。它们之间的区别在于元素的**名称**。

为了足够精确地说明这种想法，使之变得有用，我们考虑函数 f，使得 $f(I)=p$，$f(x)=q$，……，这给出了两个群的元素之间的对应关系。f 的定义域是第一个群，其值域是第二个群。107 取第一个群的两个元素 α 和 β。在 α 行 β 列我们得到了元素 $\alpha*\beta$。在第二张表对应的 $f(\alpha)$ 行 $f(\beta)$ 列，我们会得到 $f(\alpha)*f(\beta)$。但我们注意到，这是与 $\alpha*\beta$ 对应的元素，即 $f(\alpha*\beta)$。因此，"对应的元素出现在对应的位置"意味着，对于第一个群的所有 α 和 β，

$$f(\alpha*\beta)=f(\alpha)*f(\beta) \qquad\qquad (\dagger)$$

使用（$\dagger$）的优点是它不依赖于乘法表的几何性质。给定任

意两个群 G 和 H，如果存在一个双射 f：$G \to H$，使（†）对于所有 α、$\beta \in G$ 都成立，我们就说 G 和 H 是**同构的**。同构的群有相同的抽象结构，差异仅仅在其元素。由于元素相乘的方式包含着群的本质结构，所以在大多数情况下，可以认为同构的群是相同的。

我们发现，上面两个群中的第一个群有 6 个子群。这立即暗示，同构的第二个群也有 6 个子群：例如，第一个群的子群 $\{I, w, v\}$ 产生了第二个群的子群 $\{p, s, t\}$。

同阶的群不一定同构。在加法运算下取模 6 的整数，我们可以得到另一个 6 阶群。其"乘法"表为模 6 的加法表，即

+	0	1	2	3	4	5
0	0	1	2	3	4	5
1	1	2	3	4	5	0
2	2	3	4	5	0	1
3	3	4	5	0	1	2
4	4	5	0	1	2	3
5	5	0	1	2	3	4

我们称这个群为 M。M 与等边三角形的对称群 K 同构吗？

108 一种判定方法是尝试从 M 到 K 的所有可能的双射，看看方程（†）是否成立。如果我们尝试用 $f(0)=I$, $f(1)=w$, $f(2)=v$, $f(3)=x$, $f(4)=y$, $f(5)=z$ 来定义 f，则我们有

$$f(1+2)=f(3)=x$$

$$f(1)*f(2)=wv=I$$

这意味着我们的函数是错误的。只有 720 种双射可以尝试，这样做是可以的。

我们也可以尝试找出 M 的那些不依赖于元素名称的性质。我们看到，其中一种性质是它有多少个子群。你会发现，M 的子群是 $\{0\}$、$\{0, 2, 4\}$、$\{0, 3\}$ 和 M。因此 M 只有 4 个子群，所以不可能与有 6 个子群的 K 同构。

这比尝试 720 次函数更好，但还有一种更简单的办法。模 6 加法满足交换律，$\alpha+\beta=\beta+\alpha$。假设我们有一个同构 $f: M \to K$，于是

$$f(\alpha+\beta) = f(\beta+\alpha)$$

由（†）可得，

$$f(\alpha)f(\beta) = f(\beta)f(\alpha).$$

换句话说，K 也满足交换律，这一次是对于乘法。但 $vx=y$，$xv=z$，所以它不满足交换律。因此，群 M 和对称群 K 之间不可能存在同构。

同构是一种很好的简化手段。在数学中，能够识别出两个看起来有根本不同的问题本质上相同是很重要的。如果两个问题中出现了同构结构，这也许暗示了它们之间的联系。

在上面的例子中，我们利用三角形的对称性与 3 个元素的置换之间的一种已知联系发现了同构。有时候，同构会以相反的方式发生：你注意到一种同构，并且问为什么会有这种同构。包含 5 个元素的集合上存在一个置换群，它与一般的 5 次方程相联系。（置换元素是方程的 5 个根。）这个群有 60 个元素。正十二面体的旋转群也有 60 个元素。可以表明，这两个群是同构的。正是从这种巧合出发，菲利克斯·克莱因（Felix

109　Klein）①发现，以下三种理论之间存在着深刻的联系：

　　　　　五次方程，

　　　　　旋转群，

　　　　　复函数理论。

除此之外，这还解释了之前注意到的一个事实：五次方程可以用"椭圆函数"这种特殊类型的复函数求解。在克莱因的综合之前，这只能通过形式不明的计算来证明。它看起来像是一种巧合，克莱因则弄清了**为什么**会如此。

图案分类

　　只要存在对称性，就会出现群论。它使我们能够按照背后的群来描述对称性。例如，所谓正十二面体对称是指"有一个与正十二面体的对称群同构的对称群"。

　　不仅如此。它还使我们能对对称性进行分类。在某些情况下，我们可以说：这些对称性，而且只有这些对称性，是可能的。

　　抽象地说，墙纸图样是平面上的对称构形。墙纸图样的对称群由某些刚性运动所组成，是**所有**平面刚性运动的群 G 的一个子群。然后，我们必须更仔细地解释我们所说的墙纸

---

　　①　参见 Klein, *Lectures on the Icosahedron and the Solution of Equations of the Fifth Degree*, Kegan Paul, 1913。

图样是什么意思：它们必须可以任意延伸，而且必须是**离散的**，因为它们是"成块出现"的，而不是持续地彼此融合在一起。（对此有一种精确但技术性很强的数学描述。）然后，我们可以对合适的刚性运动群进行分类，结论是，墙纸图样正好有17种（其中9种是"饰带"，而不是真正的墙纸）。如图50—52所示。

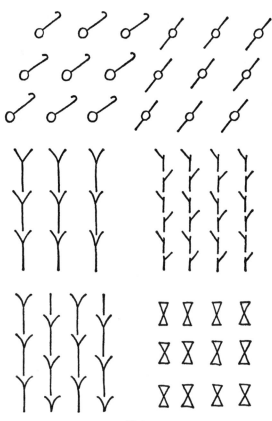

图50

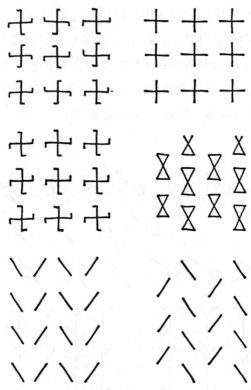

图 51

　　当你翻看一本有成千上万种不同图案的壁纸纹样的书时，
110　你不会想到可能做出任何有用的分类。它们实在太多了。但如
　　果忘掉纸张的颜色、尺寸、质地（所有这些都与墙纸的实用性
　　有关！），而只关注基本结构，你就会发现：有本质不同的结构
　　只有17种。据称，这17种结构都存在于阿拉伯陶工的作品中。
111　拿一本墙纸图样书，看看今天的设计师是否同样详尽无遗（大
　　概不会），将是一项有趣的练习。

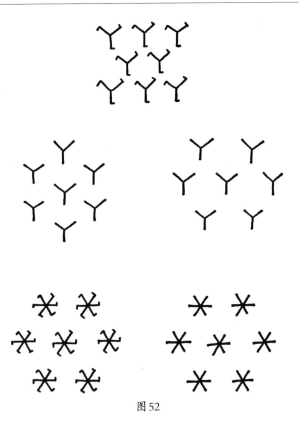

图 52

　　三维空间中的类似问题——对230种可能的对称群进行分　112
类①——在晶体学中很重要：由此可以推断出晶体的分子结构。

---

　　① 　参见 Coxeter, *Introduction to Geometry*, New York, Wiley, 1969, p. 278。这本
有趣的书中也有关于 17 种平面对称性的信息（pp. 50–61, 413）。

第八章　公理学

"只有大象或鲸鱼才会生出体重超过70公斤的动物。总统的体重是75公斤。因此，总统的母亲不是大象就是鲸鱼。"

——斯特凡·西默森（Stefan Themerson）

数学在许多层面起作用。孩子先是学习如何解决与一个或多个特定的数有关的问题。后来，他处理**所有数**的共有性质：在某种意义上，他所处理的对象已经从一个**数**变成了所有数的**Z环**。然后，在环论中，他不是研究某个特定的环，而是研究整个环**类**。这个数学领域成了单一的对象，而该对象仅仅是另一个领域中的众多对象之一，如此等等。

本章的思路会更进一步：我们的思考对象将是完整的各个理论——环论、域论、群论、几何学。

我们对"群""环""域"等概念的定义方式有许多相似之处。我们引入一些尚未定义的基本术语，并列出它们必须满足的一些定律。这些定律就是**公理**；整个结构是一个**公理系统**。

你并不需要"相信"这些公理。事实上，质疑它们是徒劳且不相干的，因为它们并不对应于现实。每当遇到一个公理系统，就会有人告诉你**他**打算让该系统具有**哪些**性质。公理就像游戏规则。如果你改变了它们，你就不再能玩**同样的**游戏。

从一个公理系统出发，然后做一些逻辑推理。所有这些都（或隐或显地）采用这样的形式：**如果**公理成立，**那么**其他某种东西也成立。公理的"真"是无可争议的。罗马帝国崩溃这一事实与讨论罗马帝国如果**没有**崩溃**可能**发生什么毫不相干。我们所能争论的是推理的有效性。

我们还可以对公理是否在任何特定的情况下都适用提出质 114 疑。**当我们试图将理论应用于现实世界时**，现实世界是否按照公理所说的方式运作是一个相关的问题，但这个问题并不是理论的一部分。这需要通过实验来回答。同样，为了把群论应用于一个数学分支，我们必须检验相关的对象是否**是**群。如果不是，我们就不能应用这种理论。但这对理论没有任何影响。"群公理是否为真？"是一个毫无意义的问题。公理不在任何绝对的意义上为真，但可能**对**某种东西为真。

公理方法的强大之处在于可以由少数几个假设推导出大量理论。如果某种东西满足这些假设，则它一定会满足由这些假设导出的所有结论。我们只需检验少数几种性质，就能应用理论的全部能力，而不必为每一次应用而反复检验所有工作。

把公理系统理解成某种脱离现实的事物，这种想法是相对晚近的。古希腊人在提出几何学公理时，似乎认为自己在谈论真正的物理真理，尽管是理想化的真理。当然，"公理"的常见定义是"不言自明的真理"——我的字典里仍然是这样写的。

但这个词在数学中已经有了不同的含义。让我们看看群公理。它们是不言自明的吗?

欧几里得的公理

欧几里得列出了几何学的一些公理,其中最重要的是:

(1) 任意两点在一条直线上。

(2) 两条线最多交于一点。

(3) 有限的线段可以任意延长。

(4) 以任意圆心和任意半径可作一圆。

(5) 所有直角都相等。

(6) 给定任意一条线,过线外任意一点只存在**一条**线与之平行。

(这些并非欧几里得给出的确切表述。)

公理(6)似乎远非自明,长期以来,这被认为是一个瑕疵。许多人曾试图用其他公理来证明它,但都失败了。

稍后我们会看到,不能用这种方法来证明公理(6)。一个更有意义的问题是:现实世界是否如此? 这不是一个数学问题。为了回答这个问题,我们应该做一个实验。然而,想象古希腊人做这样一个实验:他们画了两条"平行"线——比如经线——穿过罗马和雅典,这两条线在南极会合。对于地球表面的几何学来说,平行公理是错误的。

实际上，这是欺骗：我们知道地球是圆的，而欧几里得几何适用于平面而非球面。事实上，我们之所以知道地球是圆的，恰恰是因为地球表现得不像欧几里得几何所说的那样；因此，如果欧几里得是错的，那么地球也许根本不必是圆的。

一个更公平的实验是使用激光束或一些类似的直线。将激光尽可能平行地指向星际空间，然后试着查明它们是否相交。不幸的是，这不是一个可以实际进行的实验。（如果一些宇宙学家是对的，那么即使我们能做这个实验，它也无法验证欧几里得几何学。）

欧几里得似乎比许多后来批评他的人更清楚自己在做什么。他肯定怀疑过平行公理无法得到证明，因此把它明确陈述了出来。

一致性

当你开始研究一种公理理论时，你所要继续下去的正是公理（就逻辑推理而言，你在心理上会对理论应该如何发展有一些直觉的想法）。你用这些公理来证明一些定理，然后用这些定理来证明其他定理。定理像波一样向外扩散，公理是其波源，所有定理最终都依赖于公理。

只要你不能以这种方式证明两个相互矛盾的定理，一切都好。但如果**能**证明两个相互矛盾的定理，整个理论就没有意义了。因为那样一来将可以证明**任何东西**。

分析学家哈代（G. H. Hardy）曾说："如果2+2=5，证明麦克塔加是教皇。"一个持怀疑态度的人问他为什么这么说。哈代略作思考，回答道："我们还知道2+2=4，所以5=4。两边减去3，得到2=1。麦克塔加和教皇是两个人，因此麦克塔加和教皇是一个人。"

更一般地，我们需要回忆一下**反证法**（或**归谬法**）。我们想证明陈述p。先假设p为假：在此基础上，我们推导出两个相互矛盾的陈述。这是荒谬的，因此我们关于p为假的假设一定是错误的。因此p为真。这种方法的有效性建立在当前数学逻辑的基础上。我们在第六章用它来证明$\sqrt[3]{2}$是无理数。但现在假设我们有一个公理系统，由此可以推导出两个相互矛盾的定理r和s。也许r是"黄油便宜"，s是"黄油**不**便宜"。然后我们可以用**这些**定理来提供上述证明中的矛盾，**不论**p是什么。定理r和定理s都可以从p中推导出来，因为它们都可以从公理中推导出来。实际上，我们在推导中并不一定要**使用**p。

例如，为了证明"国家正在走向没落"，我们假设情况正好相反：它**没有**走向没落。既然我们推导出了"黄油便宜"和"黄油不便宜"这两个相互矛盾的说法，所以我们的假设一定是错的，因此国家正在走向没落。

同样的论证也将证明它**没有**走向没落：先假设它正在走向没落，然后一切如前。

这是一场十足的灾难。传达神谕的祭司如果偶尔对同一个问题既回答"是"又回答"不是"，人们也许可以忍受。但如果**总是**回答"是"，这个祭司又有什么用呢？

不自相矛盾的公理系统被称为**一致的**。一致性是任何公理理论的一个首要条件。现代公理学理论的创始人大卫·希尔伯特（David Hilbert）最早强调了它的重要性。

　　一个不一致的理论**是**不一致的，这一点并非总是显而易见。这个问题可能非常微妙。一个域的公理是一致的。但如果把定律（9）改成"每一个元素［而不是每一个非零元素］都有一个乘法逆元"，系统就会变得不一致。因为如果0有一个逆元0^{-1}，那么有

$$(0 \cdot 0) \cdot 0^{-1} = 0 \cdot 0^{-1} = 1$$
$$0 \cdot (0 \cdot 0^{-1}) = 0 \cdot 1 = 0$$

这违反了结合律，因为第80页[①]的公理（10）说$0 \neq 1$。（这就是为什么"不可除以零"的原因。它打乱了算术定律。）

　　于是，这里我们做了一处小小的修改就把一个一致的系统变成了不一致的。而且第二个系统并非明显地不一致，除非你知道到哪里去找。无论给定的一组公理看起来多么无害，它的一致性问题仍然会出现。

模　　　型

　　希尔伯特还对公理系统提出了另外两个要求；**完备性**和**独立性**。

　　为了说明什么是"完备性"，我们需要理解什么是公理系统中的**证明**。如果 p 是系统中某个陈述，那么对 p 的证明由一系列

陈述所组成，其中每一个陈述要么是一个公理，要么是列表中**前面**某些陈述的逻辑推论，使得列表中最后一条陈述是p。第六章中对陈述

$$(x+y)^2 = x^2 + 2xy + y^2$$

的证明就是一个例子。如果对于一个系统中的**每一个**陈述p，我们都能找到对p或非p的证明，则称该系统是完备的。换句话说，我们有足够的公理来**证明**该系统任何可以设想的陈述的真或假。

118　　在一个完备的系统中，没有任何有意义的方式可以添加额外的公理：它们要么可以从已有的公理中推导出来，因此是多余的；要么与已有的公理相矛盾，因此毫无意义。

　　如果任何公理都不能从其他公理中推导出来，则这组公理是**独立的**。

　　证明一个公理系统是完备的（如果它确实是完备的）总是很困难，因为我们需要考虑所有可能的证明。但（在适当的情况下）证明独立性却有一些简单的方法，偶尔也可以用它们来证明一致性。这些都以**模型**的思想为中心。

　　一个公理系统的模型是（在恰当的解释下）公理在其中为真的某个对象。任何群都是群公理的一个模型，公理的抽象运算＊被解释为正在考虑的特殊群中某种明确的运算。它可以是函数的加法，也可以是函数的乘法。类似地，任何环都是环公理的一个模型，任何域都是域公理的一个模型。如果我们把"点"解释为"实数对(x, y)"，并以通常的方式来解释"线""圆"等，那么坐标几何就为欧几里得几何学的公理提供

了一个代数模型。

如果能为一个公理系统展示一个模型，那么这些公理必须是一致的。任何一个群乘法表都定义了一个模型。我们可以举出最平凡的例子：

$$
\begin{array}{c|c}
\times & I \\
\hline
I & I
\end{array}
$$

如果公理是不一致的，那么**任何**定理都可以被证明。你可以证明，每一个群有129个元素。但由于公理在模型中成立，它们的所有推论也成立，所以模型必定有129个元素。但我们可以看到它并没有。因此没有一致性。

或者换一种说法，由公理导出的定理中的任何矛盾都将显示在模型中。我们将既可以证明模型有某种性质，也可以证明它没有。这是不可能的，因为模型要么有这种性质，要么没有：两种情况不可能同时发生。

模型对于证明独立性特别有用。假设我们想证明群乘法的结合律独立于群的其他公理。我们只需找到一个模型，在其中结合律不成立，但其他公理成立。只要从其他公理中推导出结合律，就将证明模型中的乘法服从结合律；但我们已经把模型选得不服从结合律。

我们将用乘法表来定义模型。我们希望满足第100页的公理（1）（2）（4）（5），但不是公理（3）。

公理（1）说，我们需要一个集合 G。为简单起见，我们取一个小集合。但为了给出操作空间，我们不把它取得**太小**。设 $G=\{a，b，c\}$。

公理（4）要求有一个恒等元素。如果设 a 为恒等元素，则表的一部分已经确定：

$\times$	a	b	c
a	a	b	c
b	b		
c	c		

接下来看看公理（5），它要求有逆元。我们的恒等元素 a 已经有了一个逆元，因为 $a^2=a$。如果我们让 $bc=cb=a$，这将为 b 和 c 提供逆元。于是现在我们的表成了这样：

$\times$	a	b	c
a	a	b	c
b	b		a
c	c	a	

公理（1）（4）（5）成立。

现在公理（2）说，我们必须定义任意两个元素的乘积，且这个乘积必须在 G 中。为了满足这个要求，我们只需用 a、b 和 c 填充表的其余部分。我们如何去做并不重要。但由于我们希望（3）是错误的，所以我们必须避免使（3）成立的那些选择。用 c 和 b 填充剩下的两个空位是不行的，因为那样一来，这张表看起来就会像三腿奔跑符号的对称性所对应的表，而后者**的确**满足结合律。因此我们尝试

$\times$	a	b	c
a	a	b	c
b	b	b	a
c	c	a	b

经过几次尝试，我们发现对于这张表，

$$(cc)\ b=bb=b$$
$$c\ (cb)\ =ca=c$$

因此结合律不成立。

这便完成了模型的构造。

构造模型是一门艺术，而不是科学。它需要经验、品味和少许德·波诺（de Bono）所说的"横向思维"（lateral thinking）。学习如何做这件事的最好方法就是尝试。

我们将在第二十章回到完备性和一致性的问题。我们眼下的目标是将模型方法应用于欧几里得的平行公理问题。

为欧几里得辩护

我们可以这样表述这个问题：欧几里得的平行公理独立于他的其他公理吗？用这些术语表述之后，问题已经解决了一半：最大的困难在于认识到独立性也许是实情。它能被其他公理所证明，它能被其他公理所否证，这两个选项并没有穷尽所有可能性。

为了得到答案，我们必须假设欧几里得几何学的公理是一致的。这是因为，我们将把欧几里得几何学用作模型的原材料。如果它是不一致的，那么我们主要关心的就不是独立性问题了。

我说过，构建模型是一门艺术。这一次，艺术无异于魔术：我所做的就像是挥舞魔杖，从帽子里取出兔子。

在平面上画一个圆Γ。我们的模型将是在Γ内发生的那部 121

分欧几里得几何学。为了澄清问题，我们将用**黑体**来表示模型中对标准欧几里得概念的解释。让我们定义

点 =Γ内的平面上的点

线 =平面上的一条线位于Γ内的部分

圆 =平面上的一个圆位于Γ内的部分

直角 =Γ内的普通直角。

（如图53所示）

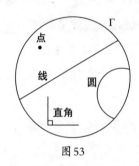

图53

现在我们来检验那6条欧几里得公理。

（1）任意两**点**在一条直**线**上。这是正确的。如果我们取Γ内的两个**点**，则它们也是平面上的点。我们用平面上的一条线将它们连起来，然后截掉Γ外的部分，得到一条**线**（图54）。

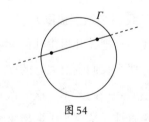

图54

（2）任意两条**线**最多交于一**点**。这是正确的。这两条**线**是

最多交于一点的两条线的一部分，所以肯定最多交于一点（图55）。

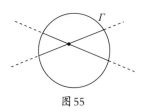

图55

（3）有限的**线段**可以任意延长。这一点更有争议。初看起来，它似乎是错误的，因为一条**线**一旦到了Γ之外，就不再是一条**线**。但即使是欧几里得，也并非想让你把线延长到**平面之外**——或者说延长到边缘之外。构造工作必须限定于所讨论的区域。因此，我们需要考虑"延长"这个概念而不是进行延长。公理（3）说的是，如果你有一条有端（ends）的线段，那么你可以将它延伸到端之外。在Γ内也是如此，只要当我们说"在Γ内"时不包括Γ上的任何东西。因为如图56所示，我们可以将**线**持续不停地延伸到点1、2、3、4、5、……①

线本身没有端：应该是其端的东西在Γ上，而不在Γ内，所以不是**点**。就此模型而言，所有**线**都可以永远延伸下去。

———————

①　在现实世界中，这些点最终会非常接近，以至于不再能够分辨它们。但我们也可以用代数方法来检验。为简单起见，考虑一条射**线**，假设Γ有半径d。任何严格处于Γ内的点都是到中心的距离e，e**严格小于**d。由此可见，一个点与中心的距离（比如说）$\frac{1}{2}(e+d)$仍然严格在Γ内，但比距离e更远。因为

$$d-\frac{1}{2}(e+d)=\frac{1}{2}(d-e)>0,$$
$$\frac{1}{2}(e+d)-e=\frac{1}{2}(d-e)>0。$$

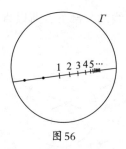

图 56

123　　（4）以任意圆心和任意半径可作一圆。这可由平面上的同一公理推导出来，只要一如既往地截掉Γ之外（或之上）的任何东西。当然，圆并不总是"圆的"（图57）。

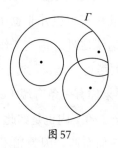

图 57

但这并不影响此公理的有效性。

　　（5）所有**直角**都相等，这同样因为在平面上所有直角都相等。

124　　　于是，该模型满足公理（1）—（5）。但它**不**满足公理（6）：图58显示了一条**线**、一个**点**以及通过该点的与这条线平行的几条线。

　　当然，这里我们把"平行"解释为"不相交"。如果把这些**线**延长到Γ之外，则它们是否相交并不重要，因为Γ之外的点并不是该模型的一部分。

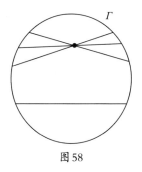

图 58

因此，公理（6）不能被公理（1）—（5）所证明。否则的话，由于（1）—（5）对该模型为真，那么（6）作为逻辑推论也必须对该模型为真。但事实并非如此。从稍微不同的角度来看，如果我们用**点**来替换点，用**线**来替换线，那么对欧几里得几何中公理（6）的任何证明都将成为对该模型中公理（6）的证明。由于（6）在该模型中为假，所以想象中的**欧几里得**证明不可能存在。"**点**"不同于"点"这一事实并不影响论证：它们之间的区别由公理（1）—（5）的有效性来负责。

这便是这节标题"为欧几里得辩护"的意思。这并不是说欧几里得几何学是唯一可能的几何学，而是说，欧几里得把平行公理当作一种**假设**提出来是完全正确的，它**不能**被他的其他公理所证明。

其他几何学

通过选择不同的模型，你可以把证明润色一下，特别是使（3）和（4）更有说服力。关键是重新定义 Γ 内的长度，使所有 125

线都无限长（尽管那样一来，它们必须弯曲）。更多细节请参阅
Sawyer。[1]

我们既可以有不止一条平行线，也可以一条平行线也没
有。这一次的模型是克莱因提出的：我们用楷体来表示模型中
的解释。

在三维空间中构造一个球$\sum$。$\sum$的表面将扮演欧几里得平
面的角色。定义

线=$\sum$上的大圆（即圆心与球心重合的圆）；

点=$\sum$上的一对对径点。

现在我们来检验公理。公理（2）为真，因为任意两个大圆
都交于一对对径点，其他公理（1）（3）（4）（5）也成立（没有
关于（3）的争论）。但由于任意两个大圆都相交，所以根本没
有平行线！（见图59）。

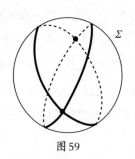

图59

现在我们有三种不同的几何学：欧几里得几何；**双曲**几何，
可能有许多不同的平行线；**椭圆**几何，没有平行线。

---

① W. W. Sawyer, *Prelude to Mathematics*, Penguin Books, 1955, p. 85.

黎曼（Riemann）引入了一种更为一般的几何学，它在某些部分是椭圆的，在另一些部分是双曲的。其二维版本可以被视为一个曲面的几何学（图60）。

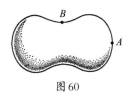

图 60

A附近的几何学是椭圆的，B附近的几何学是双曲的。（这解释 126了术语：A附近的表面截面大致是一个椭圆，B附近的表面截面大致是一条双曲线。）

黎曼的思想远远不止于此。存在着三维（或更多维的）空间，其几何学也因位置而异。"弯曲的"空间！根据爱因斯坦的理论，普通时空构成了这样一种几何学。我们既可以说这种"弯曲"是由物质的引力吸引造成的，也可以说物质和引力是由这种弯曲造成的。

如果时空的几何学在某些区域是椭圆的，那么沿直线出发，最终可能回到起点。更糟糕的是，同样的事情也可能发生在时间上：你可能在出发之前回来。这听起来似乎不大可能。但一些天文学家声称，在天空中的对径点有很大比例的射电星。实际上，这些成对的星星可能只是从两个相反的方向看到的同一颗星罢了。

第九章　计数：有限和无限

> "十四，"维尼说。"请进。十四，还是十五？真麻烦。这把我搞糊涂了。"
>
> ——米尔恩（A. A. Milne）

你无法通过告诉一个孩子什么是**数**来教他计数，而会向他展示出现数的事例：两条狗、两个苹果、两本书、……。他逐渐注意到，"二性"这种性质是所有这些例子所共有的。这样他便形成了"数"的概念。

数是**集合**的性质。有两个元素的是苹果或狗的集合，而不是任何个体的苹果或狗。我们计数的不是一个对象，而是对象的集合。数学家在思考究竟什么是数时，发现了这个事实。他们还意识到，说两个数何时相同要比说它们是什么更容易。

如果一个孩子有两只杯子，每只杯子都位于各自的杯碟上，那么某一时刻他会意识到，他必定也有两只杯碟。玩抢座位游戏时，如果有7位玩家和6个座位，就会有人没有座位。如果一位剧院经理看到剧院里的每个座位正好坐着一个人，他就知道人数和座位数完全相同。他无需知道有多少个座位就能知道这一点。

这意味着"相同的数"的概念并不依赖于"数"的概念。同样，你可以在不知道长度的情况下把两根绳子并排放置，以判断它们是否长度相同。或者，你可以用一个梁式天平来判断两个物体是否有相同的重量。在所有这三种情况下，说两个给定对象何时具有相同的性质，要比一般地说这种性质是什么更容易。你只需要知道如何就这种（尚未定义的）性质对对象进行比较。

就长度或重量而言，不难确定比较的方法。那么"数"呢？

让我们回到剧院座位上的人的例子。为了确保数完全相同，我们需要知道：　　　　　　　　　　　　　　　　　　　128

（1）每个人坐一个座位。

（2）每个座位坐一个人。

如果设 S 是座位的集合，P 是人的集合，那么对于每个人 $p \in P$，可以定义 $f(p) \in S$ 为他所坐的座椅。于是，$f\colon P \to S$ 是一个双射（一一对应）。首先，f 符合我们对函数的定义：其定义域是 P，目标域是 S。由（1）可知，为 p 指定 $f(P)$ 的规则是明确的。f 是满射，因为由（2）可知，每个座位坐一个人；也是单射，因为同样由（2）可知，每个座位只坐一个人。

通常，当且仅当两个集合之间存在一个双射时，它们才有相同数目的元素。这种情况如图61所示。

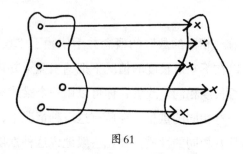

图 61

　　为了避免语言上的问题，我们说，如果两个集合之间存在一个双射，则它们**等势**。这与"相同的数"有相同的含义，但它更清楚地表明，我们不需要知道数是什么。我们可以按照把整数集 **Z** 切分成同余类的方法，把所有集合的集合切分成类，使得两个集合等势当且仅当它们处于同一个类中。每个类可以通过给出它的一个成员来指定。包含 {*a*, *b*, *c*, *d*, *e*} 的类也将包含与 {*a*, *b*, *c*, *d*, *e*} 等势的每一个集合，而这些正是有 5 个元素的集合。这种情况如图 62 所示。

129

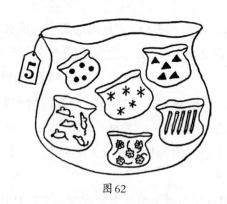

图 62

　　在这个意义上，数 5 由以下两条来指定：

（1）给出某个集合，声称它有5个元素；

（2）声称与给定集合等势的任何集合也有5个元素。

事实上，正如弗雷格（Frege）所指出的，这里的情况非常奇特。我们无法定义"数"这个神秘而奇妙的概念。存在着一个非常务实的概念，即一个给定的集合所属的类。两个集合有相同的数，当且仅当它们属于相同的类。由此可知，如果知道了关于类的一切，就会知道关于数的一切。

在这一点上，我们可以采取两种态度。

（A）无论这些古怪的类是什么，我很清楚它们并不是数。它们只是表现得像数一样。

（B）我不知道数是什么，我只是用这个词。这些类表现得就像那些假设的数一样，好处是我知道类是什么。我也可以说，**数就是**这些类。

我们采取哪种态度并不重要，只要我们意识到（B）有一个优点：如果愿意，我们**可以**用类来定义数，它将给出一个非常令人满意的定义。①事实上，当我们给一个孩子指出两条狗、两个苹果、两本书时，我们难道不是仅仅指出了与"2"相联系的类的元素吗？

关于数，我们实际上只需要知道：每一个集合都与某种被

---

① 除了第二十章提到的某些集合论困难。

称为它的数的东西相联系。它有这样一个性质：两个集合有相同的数，当且仅当它们等势。

我们可以把具有上述性质的数的存在当作一个公理。一旦知道这一点，我们就可以恢复所有算术。首先，我们定义几个数：

0是空集Ø的数

1是集合 $\{x\}$ 的数

2是集合 $\{x, y\}$ 的数

3是集合 $\{x, y, z\}$ 的数

4是集合 $\{x, y, z, w\}$ 的数

……

当然，其中的 x、y、z、w、……需要选择得不同。

然后，我们定义加法和乘法。让我们回到小学来演示如何做到这一点。在那里我们计算3加2时，先拿3个筹码，再拿2个筹码，将它们排成一行并数出结果（图63）。

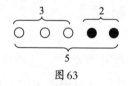

图63

131   重要的是，所有筹码都应不同。如果2个筹码中的一个已经在3个筹码的集合中，我们将得到错误的答案！

我们可以用同样的方法来定义任意两个数的加法。取两个数 m 和 n。（分别）找到有这些数的集合 M 和 N，使之**不相交**，即它们没有共同元素。（用集合论的符号来表示，$M \cap N = \varnothing$。）取 M 和 N 的并集 $M \cup N$，它有一个数，我们把它定义为 $m+n$

（图64）。

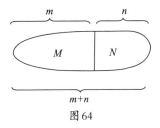

图64

这个定义有两个方面需要评论。第一，我们总能找到**不相交**的集合 M 和 N。因为如果它们并非不相交，我们就可以一个个地改变元素，直到它们不相交为止；我们改变它们的方式定义了新旧集合之间的一个双射，这确保了数不会改变。

第二，加法应当是"良定的"（well-defined）。如果取不同的集合 M' 和 N'，其数为 m 和 n，我们会得到相同的结果吗？如果得不到，这个定义将是无用的。如果你用一种方法算出 2+2=4，用另一种方法算出 2+2=5，那么这将是一种非常糟糕的加法定义。

好，假定我们的确选出了不同的不相交集合 M' 和 N'，其数为 m 和 n。于是，M 和 M' 有相同的数，所以存在一个双射 f: $M \to M'$。同样也存在一个双射 g: $N \to N'$。我们可以把它们合起来得到一个双射 h: $M \cup N \to M' \cup N'$，如果设

$$h(x) = \begin{cases} f(x) & \text{如果 } x \in M \\ g(x) & \text{如果 } x \in N \end{cases}$$

（需要检验这是否**是**一个双射。由图65可以直观地看出这一点。）

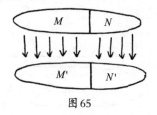

图 65

我们已经有足够的信息来证明一个著名的定理：2+2=4。

首先，我们必须找到不相交的集合 M 和 N，它们的数都是 2。根据 2 的定义，我们可以取 $M=\{x, y\}$。对于 N，我们取集合 $\{a, b\}$，其中 a、b、x、y 均不同。存在一个双射 $f: M \to N$，使得 $f(x)=a$，$f(y)=b$，因此 M 和 N 等势。根据数的主要性质，N 的数也是 2。然后我们合成 $M \cup N=\{x, y, a, b\}$。从它到集合 $\{x, y, z, w\}$ 存在一个由 $g(x)=x, g(y)=y, g(a)=z, g(b)=w$ 定义的双射 g。根据定义，后一集合的数是 4，因此 $M \cup N$ 的数是 4。根据 + 的定义，2+2=4。

该论证的基础如图 66 所示。

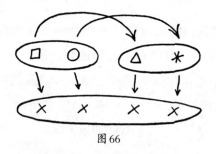

图 66

133　　　定义乘法要稍微容易一些，因为我们不必担心不相交。要把数 m 和 n 相乘，取具有这些数的 M 和 N，并作笛卡尔乘积

$M \times N$（第四章），把$M \times N$的数定义为mn。考虑一下第四章用来说明笛卡尔乘积的图，该定义的正确性就变得一目了然了。（图67）

（这里同样需要检验M和N的不同选择是否会给出相同的答案，不过这并不难。）

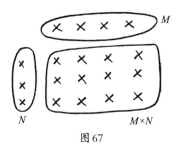

图67

用这种方法做出的一项更了不起的成就是，我们可以证明各种算术定律都成立，至少是对于正数都成立。（负数、有理数或实数的定律可由这些定律推导出来。）[1]以分配律为例，

$$(m+n)\,p = mp + np。$$

我们取集合M、N、P，其数分别为m、n、p，使得M和N不相交。于是，$(m+n)\,p$为集合$(M \cup N) \times P$的数，$mp+np$为$(M \times P) \cup (N \times P)$的数。现在，这两个集合碰巧相等：第一个集合由所有有序对(x, y)，其中$x \in M$或$x \in N$且$y \in P$所组成，第二个集合则由所有有序对(x, y)，其中$x \in M$且$y \in P$或者$x \in N$且$y \in P$所组成，因此它们相等。（见图68）

---

① 并非不需要费力！参见 Hamilton and Landin, *Set Theory*, Prentice Hall, 1961, pp. 133–238。

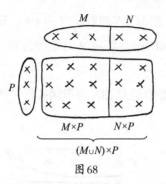

图 68

134   由于这两个集合相等，所以从一个集合到另一个集合存在一个双射：恒等映射就可以。因此两集合等势，数相等，分配律被证明是正确的。

类似地，我们还可以证明其他算术定律。

在本节的最后，我们对一个孩子计数一堆物体的方式做出一种新的解释。他依次指向每一个物体，口里念着"一、二、三、……"。如果把 Ø、{1}、{1, 2}、{1, 2, 3}、{1, 2, 3, 4}（其中 1，2，3，4 只是符号）取作我们定义数的标准集合，那么这种计数看起来很像在给定集合与我们的某个标准集合之间建立一个双射（图 69）。

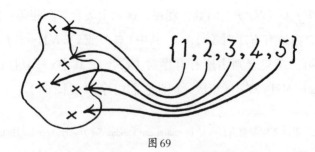

图 69

无限算术

格奥尔格·康托尔（Georg Cantor）注意到，我们之前的所有讨论对于有限集和无限集都是有效的。（我们从未指明所涉及的集合是有限的，但我们特意选择的例子是有限的。）双射的概念对于无限集是讲得通的，因此我们可以说"等势"是什么意思；然后我们可以用等势集合有相同的数这种性质来定义无限的"数"，反之亦然。

为了避免冒犯人们更灵敏的感觉，我们用一个不同的词来称呼这些"数"：事实上，我们修改了一个现有的词。我们称之为**基数**（或超限数）。对于有限集来说，基数是元素的数目；对于无限集来说，基数有许多让人联想起元素数目的性质。

加法和乘法的定义也适用于基数，交换律、结合律和分配律都成立。然而，我们不得不为拓展到无限付出一些代价。

1638年，伽利略发现基数有一种奇特的性质：一个集合和它自身的一个较小子集之间可以存在一个双射。$f(n)=n^2$ 的函数 f 是整数集 **N** 和它的完全平方数子集之间的一个双射。一个无限集和它自身的一部分可以有相同的基数。欧几里得的名言"整体大于部分"必须修改为"整体大于或等于部分"——其中"等于"实际上意指"等势"。

为了描述这种双射，不妨稍微修改一下前面的函数图解：

$$
\begin{array}{ccccccccc}
0 & 1 & 2 & 3 & 4 & 5 & 6 & \cdots & n & \cdots \\
\updownarrow & \updownarrow & \updownarrow & \updownarrow & \updownarrow & \updownarrow & \updownarrow & & \updownarrow & \\
0 & 1 & 4 & 9 & 16 & 25 & 36 & \cdots & n^2 & \cdots
\end{array}
$$

类似地，**N** 和偶数集、奇数集、整数集或质数集之间也存在双射：

136

$$0 \quad 1 \quad 2 \quad 3 \quad 4 \quad 5 \quad 6 \quad \cdots$$
$$\updownarrow \quad \updownarrow \quad \updownarrow \quad \updownarrow \quad \updownarrow \quad \updownarrow \quad \updownarrow$$
$$0 \quad 2 \quad 4 \quad 6 \quad 8 \quad 10 \quad 12 \quad \cdots$$

$$0 \quad 1 \quad 2 \quad 3 \quad 4 \quad 5 \quad 6 \quad \cdots$$
$$\updownarrow \quad \updownarrow \quad \updownarrow \quad \updownarrow \quad \updownarrow \quad \updownarrow \quad \updownarrow$$
$$1 \quad 3 \quad 5 \quad 7 \quad 9 \quad 11 \quad 13 \quad \cdots$$

$$0 \quad 1 \quad 2 \quad 3 \quad 4 \quad 5 \quad 6 \quad \cdots$$
$$\updownarrow \quad \updownarrow \quad \updownarrow \quad \updownarrow \quad \updownarrow \quad \updownarrow \quad \updownarrow$$
$$0 \quad 1 \quad -1 \quad 2 \quad -2 \quad 3 \quad -3 \quad \cdots$$

$$0 \quad 1 \quad 2 \quad 3 \quad 4 \quad 5 \quad 6 \quad \cdots$$
$$\updownarrow \quad \updownarrow \quad \updownarrow \quad \updownarrow \quad \updownarrow \quad \updownarrow \quad \updownarrow$$
$$2 \quad 3 \quad 5 \quad 7 \quad 11 \quad 13 \quad 17 \quad \cdots$$

因此，所有这些集合都有相同的基数。整数集 **N** 的基数被称为 $\aleph_0$（阿列夫-零）。康托尔设想了具有无限基数 $\aleph_0$、$\aleph_1$、$\aleph_2$、……的整个系统，其中 $\aleph_0$ 是最小的。

具有基数 $\aleph_0$ 的集合被称为**可数的**（因为一个与 **N** 的双射使我们能够对它进行"计数"——虽然我们永远无法停止计数！）。不能被计数的无限集（存在着这样的集合）被称为**不可数的**。

我们刚才表明，偶数集 A 和奇数集 B 都是可数的。它们不相交，其并集 $A \cup B$ 是 **N**。根据基数的加法定义，**N** 的基数是 A 的基数与 B 的基数之和。但 **N** 也是可数的，所以我们得到

$$\aleph_0 + \aleph_0 = \aleph_0。$$

如果使 $\aleph_0$ 加倍，则它的大小保持不变。这是我们为包含无限集

付出的另一个代价。（请注意，我们不能推导出 $\aleph_0 = 0$，因为我们不知道如何对基数作减法。）

大大小小的无限

我们可以比较基数的大小。对于有限基数，如果我们有两个集合 M 和 N，M 的元素比 N 少，则可以找到一个从 M 到 N 的单射（如图 70 所示）。

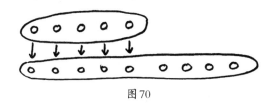

图 70

我们做如下概括。如果 α 和 β 是无限基数，集合 A 和 B 的基数分别为 α 和 β，且存在单射 $f: A \rightarrow B$，则我们说 α **小于或等于** β。换句话说，基数为 α 的集合可以与基数为 β 的集合的一个子集配对。和往常一样，我们写成

$$\alpha \leqslant \beta.$$

然后我们说，如果 $\alpha \leqslant \beta$ 且 $\alpha \neq \beta$，则 α 小于 β。

这种基数的次序关系有一些友好的性质：

（1）对于任何基数 α，都有 $\alpha \leqslant \alpha$。

（2）如果 $\alpha \leqslant \beta$，且 $\beta \leqslant \gamma$，则 $\alpha \leqslant \gamma$。

（3）如果 $\alpha \leqslant \beta$，且 $\beta \leqslant \alpha$，则 $\alpha = \beta$。

性质（3）远非容易证明：它被称为**施罗德–伯恩斯坦定理**（Schröder-Bernstein theorem）。我们可以在伯克霍夫和麦克莱恩的书中找到一个证明。[①]

到目前为止，我们只知道无限基数$\aleph_0$。还有其他无限基数吗？

有人也许预想有理数集 **Q** 有更大的基数：毕竟，任意两个整数之间都有无穷多个有理数。但这种预想没有得到证实。

想象所有有理数 p/q（$q \neq 0$）排成一个无限的方阵：

$\vdots$	$\vdots$	$\vdots$	$\vdots$	$\vdots$	$\vdots$	
$\cdots$ 3/−3	3/−2	3/−1	3/1	3/2	3/3 $\cdots$
$\cdots$ 2/−3	2/−2	2/−1	2/1	2/2	2/3 $\cdots$
$\cdots$ 1/−3	1/−2	1/−1	1/1	1/2	1/3 $\cdots$
$\cdots$ 0/−3	0/−2	0/−1	0/1	0/2	0/3 $\cdots$
$\cdots$ −1/−3	−1/−2	−1/−1	−1/1	−1/2	−1/3 $\cdots$
$\cdots$ −2/−3	−2/−2	−2/−1	−2/1	−2/2	−2/3 $\cdots$
$\cdots$ −3/−3	−3/−2	−3/−1	−3/1	−3/2	−3/3 $\cdots$
$\vdots$	$\vdots$	$\vdots$	$\vdots$	$\vdots$	$\vdots$	

138 现在想象沿一条螺旋形的路径从 0/1 开始穿过方阵（图 71）。

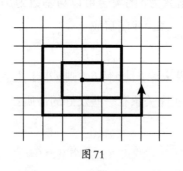

图 71

---

① Birkhoff and MacLane, *A Survey of Modern Algebra*, Macmillan, 1963, p. 362.

如果沿这条路径走得足够远，我们就能到达任何有理数 p/q。我们可以把函数 $f:$ **N** → **Q** 定义为：$f(n)$ 是该路径上第 n 个**不同**的有理数。这条规则很明确，因此我们定义了一个函数。它是满射，因为此路径会经过**每一个**有理数。取不同的有理数，使 f 为单射。这样我们就在 **N** 和 **Q** 之间建立了一个双射，因此 **Q** 也有基数 $\aleph_0$。

沿着该路径的前几个有理数是 0/1、0/2、1/2、1/1、1/−1、0/−1、−1/−1、−1/1、−1/2、−1/3、0/3、1/3、2/3、2/2、……。值的重复是存在的：0/1=0/2=0/−3=0/3=0，1/1=−1/−3=2/2=1，等等。把这些去掉，双射变成了

0	1	2	3	4	5	6	7	8	···
$\updownarrow$	$\updownarrow$	$\updownarrow$	$\updownarrow$	$\updownarrow$	$\updownarrow$	$\updownarrow$	$\updownarrow$	$\updownarrow$	
0	1/2	1	−1	−1/2	−1/3	1/3	2/3	2	···

下行的模式并不明显，但我们知道如何沿螺旋路径得到它。很难找到沿这条路径到达的第 n 个有理数的公式，但由于函数不需要由公式定义，所以这无关紧要。

基数大于 $\aleph_0$ 的集合的另一个可能候选者是实数集 **R**。由于任何实数都可以被有理数任意地逼近，我们可能预期实数集有相同的基数。但情况并非如此。集合 **R** 的基数——我们暂时称之为 **c**——大于 $\aleph_0$。

这可由反证法来证明。假设可以找到整数与实数之间的双射。每个实数都是这种形式

$$A.a_1a_2a_3\cdots$$

其中 A 是一个整数，每个 a_i 都是 0—9 中的一个数。需要留意小

数的模糊性：0.100000…=0.0999999…。这些只发生在0或9重复的情况下，因此我们约定不使用重复的9，这样我们的符号就很明确了。

双射 **N**→**R** 看起来就像这样：

$$0 \longleftrightarrow A.a_1a_2a_3a_4a_5...$$
$$1 \longleftrightarrow B.b_1b_2b_3b_4b_5...$$
$$2 \longleftrightarrow C.c_1c_2c_3c_4c_5...$$
$$3 \longleftrightarrow D.d_1d_2d_3d_4d_5...$$
$$4 \longleftrightarrow E.e_1e_2e_3e_4e_5...$$
$$\vdots \qquad \vdots$$

想象 **N** 中的所有数都出现在左边，**R** 中的所有数都出现在右边。

现在我们展示一个**没有**列在右边的 **R** 中的数。其形式为

$$0.z_1z_2z_3z_4z_5 \cdots$$

我们选择 z_1 不同于 a_1，z_2 不同于 b_2，z_3 不同于 c_3，z_4 不同于 d_4，z_5 不同于 e_5，……一般地，z_n 不同于与 $n-1$ 相对应的数的第 n 位小数。为了避免模糊，我们还选择 z 不等于0或9。

这是一个实数。但它不等于列表中的第一个数，因为其第一个小数位有所不同。它也不等于第二个数，因为其**第二**个小数位有所不同。它也不等于第三个数……，一般地，它不等于列表中的第 n 个数（在第 $n-1$ 行），因为其第 n 个小数位有所不同。

这样我们便发现了一个不在列表中的数。

但我们声称，我们起初有一个完整的列表。

这就出现了矛盾。唯一的可能性是不存在这样的列表，因此**不存在**双射 **N**→**R**。这告诉我们，**R** 的基数 c 满足

$$\mathbf{c} \neq \aleph_0 。$$

140

然而存在着一个明显的单射 $N \to R$（N 上的恒等映射），所以

$$\aleph_0 \leqslant c。$$

两者结合，得到

$$\aleph_0 < c。$$

所以在基数的意义上，实数比有理数多。但有理数和整数一样多。

　　于是现在，我们有了一个比 $\aleph_0$ 大的新的基数 c。我们也许想知道，c 是否就是康托尔所说的 $\aleph_1$。如果没有小于 c 但大于 $\aleph_0$ 的基数，情况就会如此。科恩在 1963 年解决了这个问题，但解决方案非常出人意料，我们留待第二十章再来谈它。

　　存在着比 c 大的基数。事实上，不存在最大的基数：给定任何基数 α，我们都可以找到比它更大的基数。

　　取基数为 α 的任意集合 A。设 P 为 A 的**所有**子集的集合，β 为 P 的基数。然后我们可以表明 $\beta > \alpha$。

　　首先注意，$f(x) = \{x\}$ 定义了一个单射 $A \to P$。所以当然 $\alpha \leqslant \beta$。如果我们有 $\alpha = \beta$，那么将有一个双射 $h: A \to P$。对于每一个 $x \in A$，元素 $h(x)$ 是 A 的一个子集；要么 $x \in h(x)$，要么 $x \notin h(x)$。我们这样定义一个集合 T：

$$T = \{x \mid x \text{ 不属于 } h(x)\}。$$

现在 T 是 A 的子集，所以 $T \in P$。由于 h 是一个双射，所以存在某个 $t \in A$，使得 $h(t) = T$。

　　我们问 $t \in h(t)$ 是否成立。如果成立，那么 $t \in T$。但对于任何 $x \in T$，我们知道 $x \notin h(x)$，由此可得 $t \notin h(t)$。另一方面，如果 $t \notin h(t)$，那么 t 就满足了 T 的归属要求，所以 $t \in T$。但 $T =$

$h(t)$，所以 $t \in h(t)$。

无论是哪种方式，都会产生矛盾，所以假设 h 存在必定为假。因此 $\beta \neq \alpha$，余下的只有

$$\alpha < \beta。$$

由此可以给出关于 **R** 不可数的另一个证明。对于整数集的每一个子集 S，我们都可以关联一个实数

$$0.a_1 a_2 a_3 \cdots$$

141　其中如果 $n \in S$，则 $a_n = 1$，如果 $n \notin S$，则 $a_n = 2$。选择不同的 S 将会给出不同的数。这样我们就定义了一个从 **N** 的子集到集合 **R** 的单射。**N** 的子集集合的基数大于 $\aleph_0$，所以 **R** 的基数也大于 $\aleph_0$。

超越数

如果用无限基数所能做的仅仅是证明关于无限基数的定理，那么没有人会对这个概念感兴趣。数学家之所以关注无限基数，是因为可以用它们来证明与基数**无关**的定理。

一些实数满足多项式方程

$$a_n x^n + a_{n-1} x^{n-1} + \cdots + a_0 = 0$$

其中系数 a_i 是整数。例如，$\sqrt{2}$ 满足

$$x^2 - 2 = 0。$$

这些数被称为**代数数**。不是代数数的实数被称为**超越数**。

我们曾在第六章指出，所有可作出的数都满足这样一个有理系数方程：通过乘以系数的各个分母之积，我们可以得到**整数系数**。因此，每一个可作出的实数都是代数数。我们还断言，

π不满足任何这样的方程：换句话说，π是超越数。

多年以来，数学家们一直怀疑π是超越数，但无法证明这一点。更糟糕的是，他们无法证明**任何**数是超越数。然后在1844年，刘维尔（Liouville）证明超越数确实存在，但这个证明非常复杂。1873年，埃尔米特（Hermite）证明数e（自然对数的"底"）是超越数。1882年，林德曼证明π是超越数。

然而1874年，康托尔发现了一个非常简单的方法来证明超越数存在，**而不必实际去寻找任何超越数**。他使用了无限基数。

给定一个多项式

$$a_n x^n + a_{n-1} x^{n-1} + \cdots + a_0$$

我们定义它的**高度**为

$$|a_0| + |a_1| + \cdots + |a_n| + n。$$

例如，多项式x^2-2的高度为

$$|-2| + |1| + 2$$
$$= 2+1+2$$
$$= 5。$$

任何整系数多项式的高度都是有限的。更有趣的是，对于给定的高度h，只存在有限个多项式。由于次数n必定$\leq h$，而且对于每一个系数，只有$-h$, $-h+1$, ……, -1, 0, 1, 2, ……, h这几种可能性，所以高度为h的多项式最多有

$$(2h+1)^{h+1}$$

个（可以给出比这更好的估计，但对于我们的目的来说，**任何**估计都可以。）

因此，我们可以写出所有可能的整系数多项式：首先（以

任何顺序）列出高度为1的那些多项式，然后列出高度为2的多项式，然后列出高度为3的多项式，依此类推。因为每个高度只有有限个多项式，所以这个序列不会永远停在某个固定的高度，所有多项式都会出现在这个序列的某个地方。

高度为1的多项式只有1和-1。高度为2的多项式是2，-2，x，-x。高度为3的多项式是2x，-2x，$x+1$，$x-1$，-$x+1$，-$x-1$。因此这个序列开始时为：

　　1，-1，2，-2，x，-x，2x，-2x，$x+1$，$x-1$，-$x+1$，-$x-1$，……。

设这个序列中的第n个多项式为$p_n(x)$，则这个序列现在的形式为

$$p_1(x)，p_2(x)，p_3(x)，\cdots，p_n(x)，\cdots$$

每一个整系数多项式都出现在这个序列中。

而代数数恰好是方程

$$p_n(x)=0$$

的根。如果多项式$p_n(x)$的次数为d，则该方程最多有d个根。我们可以把这些根排成一个序列

$$\alpha_1，\cdots\cdots，\alpha_d$$

如果把所有这些对应于每一个多项式$p_n(x)$的短序列排在一起，我们就得到了一个包含所有代数数的新序列：

$$\underbrace{\beta_1，\cdots\beta_i}_{p_1(x)=0的根}，\quad \underbrace{\beta_{i+1}，\cdots，\beta_j}_{p_2(x)=0的根}，\quad \cdots，\quad \underbrace{\beta_k，\cdots，\beta_l}_{p_n(x)=0的根}，\cdots$$

143　当然，任何给定的代数数都可以在这个序列中出现不止一次。

现在，对于任何整数m，我们定义$f(m)$是序列中第

（$m+1$）个不同的代数数。这使 f 成为一个从 **N** 到代数数集合的函数。由于**每一个**代数数都出现在序列中，所以 f 是满射。通过选择**不同的**代数数，可以使 f 为单射。所以 f 是双射，这意味着代数数集合的基数为 $\aleph_0$。代数数构成了一个可数集。

但我们知道，实数构成了一个**不可数集**，所以有些实数不是代数数。这证明存在着超越数。

简而言之：超越数必定存在，因为实数比代数数多。

这是一个纯粹的存在性证明，它并未具体指出一个超越数。例如，它并没有就 π 的地位给出提示。它只是表明，不可能不存在超越数。

事实上，它表明超越数比代数数多。因为如果只有 $\aleph_0$ 个超越数，那么每个实数要么是代数数要么是超越数这一事实意味着

$$\aleph_0 + \aleph_0 = c,$$

其中 **c** 是 **R** 的基数，但我们已经知道 $\aleph_0 + \aleph_0 = \aleph_0$，而它不等于 **c**。

在康托尔的定理之前，数学家们往往认为超越数是非常罕见的，因为他们似乎很少使用任何超越数。令人震惊的是，超越数其实极为普遍，**几乎所有**实数都是超越数。如果你随机选一个实数，几乎肯定会选出一个超越数。

第十章　拓扑学

> "拓扑学家：那不是一个喂猴子的人吗？"
>
> ——传说

20世纪数学最让人意想不到的发展之一是**拓扑学**的迅速崛起。拓扑学有时被称为"橡皮膜几何学"，这个古怪的称呼有些误导，但却成功地把握了这门学科的特色。**拓扑学是对几何对象在连续变换下保持不变的性质的研究。连续**变换是指经过弯曲或拉伸等一整套变换，开始时"彼此接近"的点最后依然"彼此接近"。撕裂或断裂是不允许的。（但有一点**需要注意：**由于我们讨论的是变换，所以除了开始和结束，我们对任何地方发生的事情都不感兴趣。因此，在某处引入断裂是允许的，只要最终以同样的方式将它重新连接起来。例如，为了解开一个绳结，我们可以剪断绳子，解开这个结，然后再把绳子连成整体。这就是为什么称之为"橡皮膜几何学"会产生误导的原因。）我们可以对"连续"作出精确的定义，不过这里我们将坚持直观的想法。第十六章会重新提出这个问题。

哪些性质是拓扑性质？不是欧几里得几何学所研究的那些

常见性质。"直"不是拓扑性质，因为线可以被弯曲和拉伸，直
到变弯。"三角形性"也不是拓扑性质，因为三角形可以连续地
变形为一个圆（图72）。

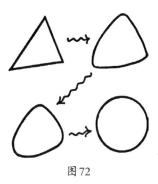

图72

　　因此在拓扑学中，三角形和圆是同一个东西。长度、角的
大小、面积——所有这些都可以通过连续变换来改变，而且必
须被忘记。很少有（如果有的话）常见的几何学概念保留在拓
扑学中，必须寻求新的概念。这使拓扑学很难被初学者理解。

　　一种典型的拓扑性质可由某种甜甜圈来显示：有一个**洞**。145
（最微妙的一点是，这个洞**并非**甜甜圈的一部分。）无论我们如
何持续地扭曲这个甜甜圈，这个洞仍然存在。另一种拓扑性质
是有一个**边缘**。球面没有边缘，中空的半球则有边缘；任何连
续变换都无法改变这一点。

　　由于连续变换异常多样，拓扑学家只作了少数几种区分。
任何有一个洞的东西都与另一个有一个洞的东西几乎相同（如
下一节所示）。因此，拓扑学家需要考虑的对象较少。其主题要
比大多数其他数学分支**更简单**（尽管这门学科本身并不简单）。

这也是为什么拓扑学已经成为一种强大的工具，在整个数学领域都有应用的原因之一：其简单性和一般性使它得到了广泛应用。

拓扑等价性

146　　　　拓扑学研究的基本对象被称为**拓扑空间**。从直观上讲，我们应把这些东西看成几何图形。从数学上讲，它们是具有某种**拓扑结构**的**集合**（常常是欧几里得空间的子集），这种结构使我们可以建立连续性的概念。球面、甜甜圈（更确切地说是**环面**）和双环面都是拓扑空间（图73）。

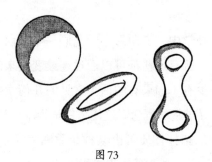

图73

如果可以从一个拓扑空间连续地过渡到另一个拓扑空间，也可以连续地过渡回来，那么这两个拓扑空间就是**拓扑等价**的。一个例子是，对于拓扑学家来说，甜甜圈和咖啡杯是一样的（图74）。

图74

用集合论的术语来说，起初有两个拓扑空间 A 和 B，我们要求有一个函数 f: $A \to B$，使得

（1）f 是一个双射；

（2）f 是连续的；

（3）f 的反函数也是连续的。

147

我们希望 f 和它的反函数都是连续的，理由如下。如果把两个单独的团块压缩在一起，我们会得到一个连续变换（图75），因为最初彼此接近的点仍然彼此接近。而逆变换却把一个团块分成了两个单独的部分（图76），因此不是连续的，因为彼此接近但却处于分割线两侧的点最终会离得更远。

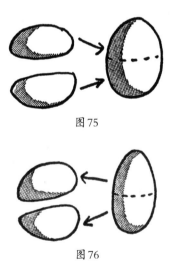

图 75

图 76

作为练习，尝试将图77中所示的拓扑空间分成各种拓扑等

价的类型。①

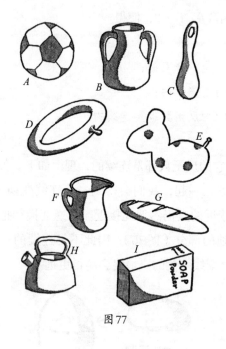

图 77

一些不寻常的空间

　　如果所有拓扑空间都像球面和环面那么美妙，人们对拓扑学可能就没有什么兴趣了。一些更奇特行为的例子也许有助于

---

　　①　假设所有的材料都有厚度，且物体是固体，则类型如下：*A*、*E*、*G*、*I* 是球体；*C*、*D*、*F* 是环面；*B*、*H* 为双环面。如果（就像在现实生活中那样）*A*、*D*、*E* 是空心的，*I* 是空的，则有更多类型：*A*、*E*、*I* 是空心球；*G* 是实心球；*C*、*F* 是立体环面；*D* 是空心环面；*B*、*H* 是实心双环面。随着对细节更多的要求——比如面包中的气泡——还有更多区分。

激发你的直觉。

你也许听说过**莫比乌斯带**。为了制作它，我们可以把一张 148
纸条扭转180°，再把它的两端连接起来，如图78所示。

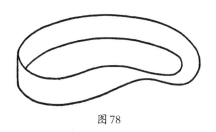

图78

莫比乌斯带在拓扑上不同于非扭曲的圆柱带，它只有一个
边缘。（可以数一下。）由于边缘数是一种拓扑性质，且圆柱带
有两个边缘，所以这两种带不拓扑等价。 149

莫比乌斯带更著名的性质是它只有一个面。可以将圆柱带
的一个面涂成红色，另一个面涂成蓝色。如果你这样给莫比乌
斯带着色，这两种颜色将在某个地方相遇。

不幸的是，我们很难以自然的方式使这种单面性在数学
上变得可敬。莫比乌斯带没有厚度：它的每一点都在两个面
"上"，就像平面的每一点都在两个面"上"一样。出于拓扑学
的目的，我们必须把莫比乌斯带本身看成一个空间，而不是看
成欧几里得空间的一个子集，于是很难看出面数是否是一种拓
扑性质。

为了把这一点说得更清楚，我想问一个问题：三维的欧几
里得空间有多少个面？

我想，大多数人都会回答"没有"。它只是沿各个方向一直

继续下去，怎么可能有任何面呢？

　　但是现在，假设你是一个生活在二维平面上的平地居民，不知道其他任何东西。你的"空间"有多少个面呢？如果你之前回答"没有"，那么你肯定会再次回答"没有"：平面只是沿各个方向一直继续下去。

　　换句话说，你所知道的面数取决于你思考的是平面本身，还是把它看成三维空间的一部分。三维空间也是如此：如果我们把时间看成第四维，那么它就有两个面——过去和未来。

150　　我希望你能看到，现在甚至很难定义我们所说的面数是什么意思，更不用说弄清楚它是否是一种拓扑性质了。

　　然而，不必引入任何外在的考虑，一种生活在莫比乌斯带上的假想生物能够观察到一种现象，这种现象为"单面性"提供了一种有用的数学替代。假设这些生物有两只手，大拇指指向不同的方向；他们会有"左"和"右"的概念。此外，假设他们戴连指手套（图79）。

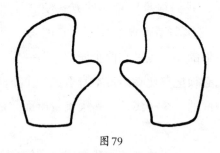

图79

　　在寒冷的清晨，一个生物醒来，发现所有右手手套都找不到了，只找到了左手手套。这只足智多谋的莫比乌斯生物拿起一只手套，带着它围绕莫比乌斯带转了一圈，如图80所示。

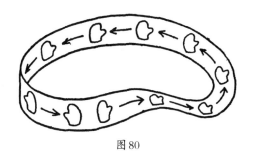

图80

令我们大为惊讶的是（虽然他并不感到惊讶），它现在变成了一只右手手套。当然，他的右手已经变成了左手，左手变成了右手。但无论如何，他现在有了一双可用的手套。

你可以在一条莫比乌斯纸带上检验这种性质。但要同时观察纸的两面"上"的点，需要把纸拿起来对着光看，或者用透明的塑料条来做莫比乌斯带。或者可以用你的两只手和一条假想的莫比乌斯带来检验这种性质。你的手不是二维的，所以只需关注手的**轮廓**。两手前伸，手掌朝外，拇指并齐，手指向上。让左手固定不动，现在你需要让右手按照以下方式沿着假想的莫比乌斯带移动。抬起右肘，右掌前倾直到水平。将右手拇指向下旋转，直到右手直立，拇指在底部。把肘部再抬高一点，直到手指指向下方，然后继续沿同样的方向转动手，直到手背朝向你。保持肘部抬起，手指指向下方，手背朝向自己，将整只手向左移动，直到它在左手的远侧并与左手齐平。现在——你需要一个灵活的手腕——把拇指转**离**你，直到右手直立。理想情况下，现在你应该继续转动右手，但这在解剖学上行不通。

151

相反，将**左**手拇指转向你自己，直到两只手并排，小拇指并在一起：左边的朝上，右边的朝下。

你现在到了一个非常不舒服的位置，相当于让你的右手围绕莫比乌斯带转了一圈（左手沿相反方向转了一圈多一点和它相遇）。为了更舒适一点，两手保持相对位置不变，但把右手向右移开一点，让左手跟着它往中间挪一点，并伸远一点。现在你必须在莫比乌斯带的表面上旋转右手，把它颠倒过来。为此，把右肘放在身体一侧，让右掌背对着你。现在你应该两手并排朝上，左掌朝向你，右掌背对着你。最后，将两只手掌并在一起：双手合拢，拇指重叠。从手的**轮廓**上看，通过沿着莫比乌斯带移动，你现在已经把你的右手变成了左手。（这个出色的例子在数学界被称为"打手势证明"。）

生活在双面世界里的生物（就我们目前所知，这包括我们）无法做这个连指手套游戏。[①]对他来说，左右无法互换。但对于莫比乌斯生物来说，只有当物体不转来转去时，左和右的概念才有意义。在整条莫比乌斯带上，不可能一致地定义左和右，它被称为**不可定向的**。像我们这样可以对左和右作出全局定义

---

① 乔治·伽莫夫（George Gamow）的科幻故事《彼岸的心》（"The Heart on The Other Side", in *The Expert Dreamers*, edited by Frederik Pohl, Gollancz, 1963）中假设真实的宇宙是不可定向的。主人公正试图革新鞋业，但是当他身体中的所有蛋白质都变成了镜像形式时，他遇到了麻烦。

很难说物理宇宙是否是可定向的。这是因为，可定向性是拓扑学家所称的"全局"性质：要想发现它，就必须考察整个空间。"从局域上讲"，莫比乌斯带看起来很像一个圆柱体：靠近任何一点的性质都是一样的。我们对宇宙的整体结构知之甚少，因为它是如此之大。但如果第八章结尾提到的天文观测是正确的，它可能是**不可定向的**！

的空间被称为**可定向的**。可定向性对应于双面性，不可定向性对应于单面性；两者都是独立于任何外在空间的内在拓扑性质。

若将两条莫比乌斯带边缘对边缘地连接起来，就得到了所谓的**克莱因瓶**（图81）。

图81

它没有边缘，而且是不可定向的，因为莫比乌斯带是不可定向的。但若将它嵌入三维空间，它必定会和自己交叉。

另一种描述它的方式是想象一个正方形，如图82所示，将它的边缘粘在一起，使相应的箭头重叠。（首先连接顶部和底部，得到一个圆柱体。为使其两端以正确的方式连接在一起，弯曲圆柱体，使之穿过自身。）你可以用一张图来检验克莱因瓶的确可以由两条莫比乌斯带边缘对边缘相连接来构成：只需如图83所示将其切开（得到两条莫比乌斯带）。

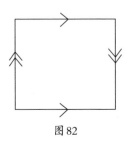

图82

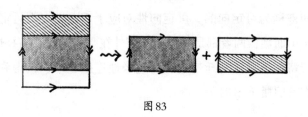

图 83

153 　　关于克莱因瓶内部和外部的（经常出现的）说法都是无稽之谈，因为它无法在三维空间中作出来。在四维空间中（我们将在第十四章讨论），它可以作出来且没有交叉；但在这种情况下，讨论其"内"和"外"的概念就像讨论三维空间中圆的内外一样没有意义：我们很容易从圆"内"到圆"外"而不遇到任何障碍（即"内"和"外"是连通的）。

　　通过粘合一个正方形的边缘还可以得到另外两种有趣的空间：环面和**射影平面**（因与射影几何的关联而得名），如图84所示。

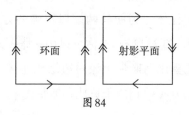

图 84

154 　　环面我们已经有所了解了，我们注意到它是可定向的。射影平面和克莱因瓶一样没有边缘，是不可定向的，不能嵌入三维空间。

　　射影平面可以由一条莫比乌斯带和一个圆盘边缘对边缘地缝合而成。要想在三维空间中做到这一点，我们必须扭曲莫比乌斯带，以使其边缘成为圆形，在这种操作下，它将与自身相交，形成一个**交叉帽**（图85）。

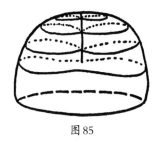

图 85

射影平面是一个空洞被填满的交叉帽（图86）。

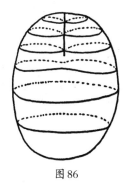

图 86

最后一个奇特的东西是**亚历山大带角球**（图87）。

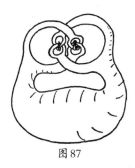

图 87

155 　　其制作方法是：从一个球体上伸出两只角，把它们扭在一起，把尾端分开，再把它们扭在一起，再分开，再扭，如此往复，每一步都变得越来越小。信不信由你，它拓扑等价于一个球体：角的伸出方式可以用来定义一个合适的函数。然而，它外部的空间并**不**拓扑等价于一个普通球体外部的空间。

　　因为在普通球体外部，任何环都可能滑脱（图88），而对于一个带角的球，环可能与角缠在一起（图89）。问题同样是由周围的空间而不是球本身造成的。

图88

图89

毛球定理

156

以上就是拓扑学研究的一些概念和对象。现在我们来看一个定理。

如果你观察狗身上的毛，你会发现它们在狗背上有一条"分缝"，在狗肚子上也有一条。从拓扑上讲，狗是一个球体（假设它闭着嘴，并且忽略内脏），因为我们只需收缩它的腿，让它显得胖一些（图90）。

图 90

有人也许会好奇，是否可能把毛发梳得使所有分缝都消除了。这将得到一个平滑的毛球，没有图91所示的那些毛发排列。

157

图 91

　　这是一个拓扑学问题，因为如果我们持续使球体变形，平滑的毛发系统将保持平滑，分缝将保持为分缝。用拓扑方法可以表明（这并不容易），完全平滑的毛发系统是不存在的。（这个问题更恰当的提法与球体上的"向量场"有关，但一个毛茸茸的球体给人的直观感觉是正确的。）我们最多只能把毛发梳得除一点之外一切都是平滑的，如图92所示。

图 92

　　我并不打算做具体证明，但该结论的价值远远超出了对假想的平滑狗的古怪应用。

158　　　　地球表面是一个球体。地面上的风在任一时刻吹动的方向提供了一种梳理这个球体的方式，风的气流线取代了毛发。这个定理说，不存在平滑的风系（除非没有风，而这出于其他原因是不可能的），所以某处一定有一个气旋。

　　因此，通过了解地球的**形状**，我们可以在对风的实际行为一无所知的情况下断言风向的趋势。

　　一个环形的星球上可能存在稳定而平滑的风，因为毛茸茸的环面**可以**梳理得很平滑（图93）。

图93

　　使用更多关于风的信息，一项更深入的研究表明，更有可能的流动将是围绕环面的流动，如图94所示。

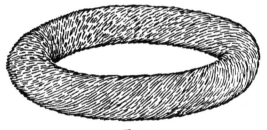

图94

　　毛球定理的应用不止于此。它在代数上有一个应用：可以用来证明每一个多项式方程都有复数解（所谓的"代数基本定理"）。

第十一章　间接思考的力量

　　勇往直前并不总是前进的最快方法，绕过障碍可能比一头扎进去要好。数学上也大体如此。问题常常看似无法解决。你甚至可能知道答案应该是什么，却不知道如何确定它。在这种情况下，一种新的观点和想法可能会使局面大为改观。

　　那么，如何获得新观点呢？

　　穿越茂密丛林的探险者通常会对周围的环境一无所知。他遇山必爬，遇河必游。但人们后来在丛林中修路时，并不总是追随探险者的脚步，而会使用地图。他们会说，"这里有一座山，那里有一条河"。他们会想办法在山的周围修建道路，在河的最佳地点修建桥梁。探险者若能对相关地区有更全面的了解（比如坐飞机从上空经过），就能省却很多无用功，甚至可能在本应失败的地方取得成功。

　　在数学中，我们很容易把注意力集中在一个特定的问题上。如果你的方法不能很好地解决这个问题，你最终会陷入困顿、迷惑不解和遭遇挫败。取得进一步进展的关键往往在于退后一步，忘掉这个特定的问题，看看能否在周围领域发现一些有用的一般特征。

网络

有一个古老的难题，它的一种形式与三座房屋有关，每座房屋都必须连接到水（W）、天然气（G）和电力（E）的供应（图95）。

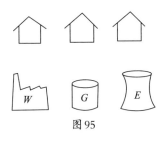

图95

能否做到使各个连线互不相交，也不穿过房屋或供应源呢？

拿着铅笔和纸坐下来，你很快就会发现没有显而易见的解决方案。但如果你试图证明不存在任何解决方案，就会碰到一个问题：尝试画出这些线的方式有很多。也许让其中一条线先绕六七圈会有帮助？这似乎并不管用，但你看不出如何能够证明它不管用。

这正是引言中所讨论的情况。最好的办法就是坐下来好好打量一下周围。

问题其实并不在于房屋。不论它们是平房还是公寓楼，都没有关系。电力源在隔壁还是在千里之外，也没有关系。如果去掉形象化的语言，这个问题就变成了：有两个集合，每个集合都是平面上的三个点，如何用不相交的线将第一个集合中的

160

每个点与第二个集合中的每个点连接起来。

这样的问题属于**图论**或**网络**理论这个数学领域。

一个**网络**有两个主要部分:

（1）一个集合 N，其元素被称为**节点**或**顶点**，

（2）一种指明两个顶点何时连接在一起的方法。

用集合论可以使这个抽象的定义变得更加可敬。为了帮助理解其中的想法，我们用点来表示顶点，用线将它们连接起来。这些线被称为网络的**边**。点和线的精确排列并不重要，关键**在于正确地连接**。

图96中的图描绘的是本质上相同的网络。（只有标有圆圈的交叉点才算数。）

图 96

每一个网络都有4个顶点，所有可能的点对都已相连。把点和线来回移动，可以把一张图变成另一张图，如图97所示。

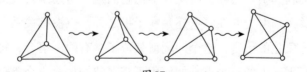

图 97

甚至不需要使用直线；图98中的排列描绘了同一网络。

图98

重要的是网络的**拓扑**结构。

没有线交叉的网络并不总能绘出。能够无交叉绘出的网络 162
被称为**平面**网络——它们可以在平面上绘出。

我们开始时那个难题现在可以重新表述为：**图99的网络是
平面的吗？**

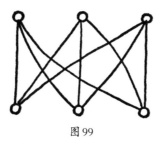

图99

在能给出令人满意的答案之前，我们必须研究平面网络的
性质。

欧拉公式

我们所期待的是网络中顶点 a 与顶点 b 之间的一条**路径**：所

谓路径是指从a开始、到b结束的若干条边，使得每条边都终止于下一条边开始的地方。在图100中，a和b可以用一条路径连接起来。

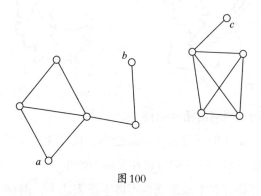

图 100

163　　　　而a和c却不能用一条路径连接起来，因为c所在的网络部分与a所在的部分没有连接。任何两点都能用一条路径连接起来的网络被称为**连通的**。这意味着它不会分成两个（或更多）不同的部分。任何网络都是由连通的部分组成的。

因此，我们通常只关注连通的网络。更一般的网络往往可以通过考察连通的部分来处理。

从现在开始，我们只讨论**有限的**和**连通的**网络。所谓"有限"是指顶点数和边数有限。这样一个网络如图101所示。

任何这样的网络都把平面分成了若干区域，我们称之为网络的**面**。图101中的这个网络有8个面、14个顶点和21条边。

我们感兴趣的那种网络（有限的、连通的、平面的）类似于一幅想象的岛屿的地图。为了避免繁琐的术语，我们在提到这样一个网络时将使用**地图**一词。

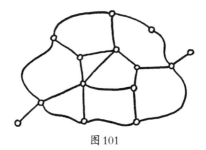

图 101

这里你可以画一些地图，数出面（F）、顶点（V）和边（E）的数目。以下是三幅地图（图102）。

 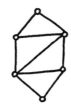 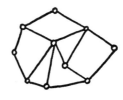

图 102

将结果列成下表：

164

F	V	E
8	14	21
4	6	9
4	6	9
6	10	15
…	…	…

你能找出这些数之间的联系吗？

你也许注意到 E 总是最大的。F 和 V 较小，但它们之和却与 E 基本相同，在上表中是 22、10、10、16。它们都比对应的 E 大1，

所以对于任何地图，似乎都有

$$F+V=E+1$$

或

$$V-E+F=1 \qquad (\dagger)$$

第一个证明这个公式其实适用于任何地图的人是欧拉（1707—1783）。从表面上看，似乎没有什么**先验的**理由指望F、V和E之间有**任何**关系。但只要不厌其烦地数过十几张地图，你最终会发现，($\dagger$)似乎是正确的，尽管这无助于证明它。

以后见之明来看，$V-E+F$这个表达式颇有玄机。它对于所有地图都是一样的。特别是，如果把一张地图换成另一张，它仍然保持不变。

使$V-E+F$保持不变的方法有很多，但其中两种方法最简单。第一种是E和F都减少1，它们的差不变，所以$V-E+F$也不变。第二种是V和E都减少1。

第一种情况是从地图上去掉外侧的一个面连同外侧的一条边。如果愿意，我们可以移除一段海岸线连同一个面，如图103所示。

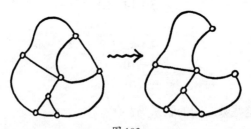

图103

第二种情况是一个单独的顶点"悬挂"在一条边的末端，

如图104所示。

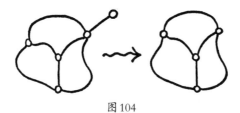

图104

这些操作被称为**倒塌**。我们注意到，$V-E+F$不受任何一种倒塌的影响，因此也不受任何倒塌**序列**的影响。

想象岛屿被狂暴的大海所包围。海水逐渐侵蚀着海岸线，导致了某种倒塌。当这种情况发生时，$V-E+F$保持不变。海水一点点地继续侵蚀……直到没有岛屿留下。

我说**没有**岛屿？这太草率了。让我们试验一下。（图105）

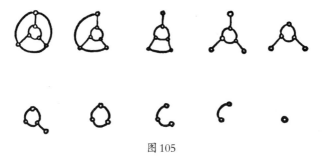

图105

事实上，我们把这个岛减小到单独一点：1个顶点，0条边，0个面。因此，$V-E+F=1-0+0=1$。但$V-E+F$不受倒塌的影响。因此对于那个原始岛屿，我们也必定有$V-E+F=1$！

这本质上就是一个用华丽的语言说出来的证明。每张地图都可以倒塌成一个点，而不会改变 $V-E+F$，对于一个点来说，这个值是1。因此（†）适用于任何地图。

这个公式——**欧拉公式**——在许多情况下都非常有用。我们先把它应用于那个房屋和公用设施问题。

非平面网络

再次回到原来的问题：图99的网络是平面的吗？

我们使用国际象棋语言中所谓的"数学家的开局让棋法"：先承认它可能是平面的。在此让步的基础上，我们试着推导出一个矛盾，那样一来即可推出它**不是**平面的。

该网络里，$V=6$，$E=9$。因为它目前不是画在平面上，所以我们无法直接算出 F。但如果它能够画在平面上，那么无论画得怎样，它都有 F 个面，且满足

$$6-9+F=1。$$

因此必定有 $F=4$。

现在我们要查明这些面会如何出现，**而且不通过**在平面上实际画出网络来做到。

平面地图的每个面都被边的一个闭**回路**或闭**环**所包围，如图106所示。

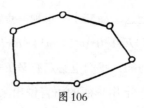

图106

举例来说，周缘（"海岸线"）就构成了这样一个环。在图99中，闭环包含4条或6条边。因此，如果将其画在平面上，它将有4个面，每个面有4条或6条边；不同的可能性如下：

$$4 \quad 4 \quad 4 \quad 4$$
$$4 \quad 4 \quad 4 \quad 6$$
$$4 \quad 4 \quad 6 \quad 6$$
$$4 \quad 6 \quad 6 \quad 6$$
$$6 \quad 6 \quad 6 \quad 6$$

现在我们用另一种方法来数边。除了外围的那些边，每条边都在2个面上。如果假设外部是另一个非常大的面，那么它也有4条或6条边；这样下来，我们现在有5个面，其边数的可能性如下：

168

$$4 \quad 4 \quad 4 \quad 4 \quad 4$$
$$4 \quad 4 \quad 4 \quad 4 \quad 6$$
$$4 \quad 4 \quad 4 \quad 6 \quad 6$$
$$4 \quad 4 \quad 6 \quad 6 \quad 6$$
$$4 \quad 6 \quad 6 \quad 6 \quad 6$$
$$6 \quad 6 \quad 6 \quad 6 \quad 6$$

其中，每条边都为2个面所共用。因此，这些面的边数之和是总边数的2倍。在上述情况下，边数一定是10、11、12、13、14、15之一。然而，我们已经知道 $E=9$。

这是一个矛盾，因此平面性假设是错误的，该网络**不是平面的**。"数学家的开局让棋法"再次奏效。由此也说明，我们无法靠互不相交、不穿过房屋或供应源的线来解决之前提到的那个难题。

这个证明的杰出之处在于，它没有提到画出这些连线的任何可能的方法。它忽略了所有这些考虑，而是先承认**可能有某种**连接方法，然后再表明这种可能性是不对的。

我们可以用类似的方法来处理图107中的网络。

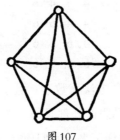

图 107

对于这个网络，$V=5$，$E=10$，因此如果网络是平面的，则 $F=6$。现在每个面必定至少有3条边。如果我们在外围另放一个面，则这些面的边数之和是边数的两倍：这个和至少是 $3 \cdot 7=21$，所以边数大于10。但我们已经知道 $E=10$，这是一个矛盾。因此这个网络也是非平面的。

这两个网络是**所有**非平面网络的重要原型。库拉托夫斯基（Kuratowski）已经证明，任何非平面网络都必须包含这两种网络中的一种。这个结论并不难懂，但需要数页的具体分析，我们这里就不作深入讨论了。[①]

网络的平面性问题在电子电路中——特别是印制电路和微型集成电路——有实际的应用，但除此之外，还有一些因素需

---

① 参见 Ore, *The Four-Colour Problem*, Academic Press, 1967。

要考虑：连线的长度可能很重要，各个组件可能在不实际接触的情况下相互干扰。

另一项应用

欧拉公式也可以用来推导出著名的（或者说臭名昭著的？）**四色问题**的几乎所有已知结论。所谓四色问题是指，给定一张地图，能不能用4种颜色给它着色，使得任何共用一条边的2个面的颜色都不同？

首先，4种颜色肯定是必需的（图108），而且可以证明，没有一张地图可以有5个面，其中每个面都与另外4个面相接触（共用一条边）。然而，这个论断并没有证明4种颜色总是足够的。

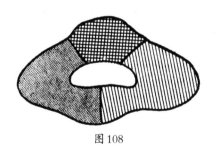

图108

目前最好的结果是，5种颜色是足够的。但4和5之间的差距尚未填补。[①]（在你迫不及待要去尝试之前，我想先警告你，这个问题极为复杂。我预计只有对平面网络有非常深刻的理解， 170

---

① 现在填补了。参见附录，第300页。

才可能攻克它。）

到目前为止，我所说的"地图"是指平面地图。由于我们所谓的"橘皮把戏"，平面问题与球面地图的类似问题有相同的答案。我们在一张球面地图的一个面内打一个小孔，这样就可以把它拉伸成一张平面地图。反过来，也可以用平面地图包住一个球体而得到球面地图，原地图外部的区域成了另外一个面。

因此，如果每张平面地图都可以用4种颜色着色，那么球面地图也是如此，反之亦然。谈论球面要更方便，其原因与上一节在地图外部引入一个额外的面的原因相同。这个额外的面意味着，在一个球面上，我们有

$$V-E+F=2。$$

现在我们将证明，5种颜色足以给任何球面地图（从而给任何平面地图）着色。证明过程如下：我们设法修改任何给定的地图，使面数减少，同时，由减少面数的地图的5-着色可以重构原地图的5-着色。通过减少足够多次，我们最终得到了一张有5个或更少个面的地图，它显然可以5-着色；倒推可得，原地图可以5-着色。

（1）我们可以消除与3个以上的面相邻的顶点。因为如果有4个或更多个面与一个顶点相邻，则存在其中的某两个面不互相接触，我们可以将其合并（图109）。如果得到的新地图可以5-着色，那么原地图也可以：只需将两个旧区域涂成与新地图里单个新区域相同的颜色。

图109

如果开始时的那个顶点被许多个面所包围，我们需要减少若干次才能得到只有3个面的情况。

（2）通过将它与一个相邻的面合并，我们可以将有3条边的面移除（图110）。

图110

从新地图的5-着色，我们可以通过为去掉的面选取一种与其相邻面不同的颜色来得到原地图的5-着色。

（3）类似地，我们可以将任何有4条边的面与一个相邻的面合并（图111）。由于我们有5种颜色，所以还剩下一种颜色为原地图的被合并面着色。

图111

（4）现在，我们得到了一张球面地图，它的所有面都至少有5条边。我们证明，至少有一个面必定**正好**有5条边。

172   如果这张地图有 V 个顶点、E 条边和 F 个面，则我们知道，每个顶点都在3条边上（根据步骤（1）），每条边都在2个面上。因此我们有

$$3V=2E=aF,$$

其中 a 是一个面的**平均**边数。由于

$$V-E+F=2,$$

我们有

$$\frac{a}{3}F-\frac{a}{2}F+F=2$$

因此，

$$a=6-\frac{12}{F}$$

它**小于**6。如果每个面的平均边数小于6，那么必定有某个面的边数小于6。但每个面都有5条或更多条边，所以必定有一个面正好有5条边。

（5）考虑这样一个有5条边的面 P，它有相邻的面 Q、R、S、T、U，如图112所示。

图 112

　　某两个与 P 相邻的面没有接触，把它们记为 Q 和 S。现在合并所有三个区域 P、Q、S（如图113所示）。

图113

　　如果由此产生的地图可以5–着色，那么原地图也可以5–着色：在合并后的地图中，Q 和 S 有相同的颜色，于是 P 周围只有4种颜色，所以还剩一种多余的颜色给原地图的 P 着色。

　　（6）由于面数随着每一次合并而减少，我们最终会得到一张有5个或更少个面的地图。它显然**可以**5–着色：我们只需要为每一个面挑选一种不同的颜色。

173

把上述步骤颠倒过来，便发现可以用5种颜色给原地图着色。

　　总结一下：我们对原始地图应用了一个**归约过程**，使它逐渐变得不那么复杂。我们的做法使得在每一个阶段，只要我们能给新地图着色，就能给原地图着色。这一证明确保了新地图最终**可以**着色：于是之前的地图可以着色，然后它之前的地图可以着色……最终我们明白了如何给原始地图着色。

　　要想实际看到这是如何完成的，你可以亲手画一张地图（面不要太多！），按照上述归约步骤，找到一种给它着色的方法。

在非球面的曲面上，类似的问题已经完全解决了。我们将在第十二章简要讨论这一点。但对于球面这种**最简单的**曲面，我们目前只知道，[①]5种颜色是足够的，4种颜色是必需的。

在某种意义上，如果这个问题最终**得到**解决，那将是一件憾事。这是一个极好的例子，表明有些问题论述起来很容易，回答起来却很难。

---

① 现在情况已经不是如此了。见附录，第300页。

第十二章　拓扑不变量

> 真正的传统甜甜圈有球体的拓扑。是否认为它有分离的内表面和外表面，这是一个品味问题。重要的是，内部空间应当充满好吃的覆盆子果酱。这也是品味问题。
>
> ——菲尔盖特（P. B. Fellgett）

在通常情况下，证明两个给定的拓扑空间是拓扑等价的（假定这是事实）并不太难。我们只需在它们之间建立一个合适的函数。

更难的是证明两个不等价的曲面**是**不等价的。我们必须表明，在无穷多个可能的函数中，没有合适的函数存在。图114的两个空间（我们考虑的是表面，而不是内部）在拓扑上明显不同。但如何证明这一点呢？

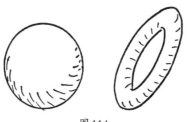

图114

　　我们可以看到，环面上有一个洞，而球面没有。但问题是，这个洞根本不在环面上，而在周围的空间中。我们知道，得出可能依赖于周围空间的结论很危险。作为一个拓扑空间，环面不包含任何可以称之为洞的东西。这个洞并不是我们看到的环面的一部分。

175

　　区分不等价拓扑空间的一种方法是找到某种**拓扑性质**，一个拓扑空间有这种性质，而另一个没有。例如，球面上的每一条闭曲线都将球面分成两个部分（图 115），而环面上的某些闭曲线却并没有将环面分成分离的部分（图 116）。

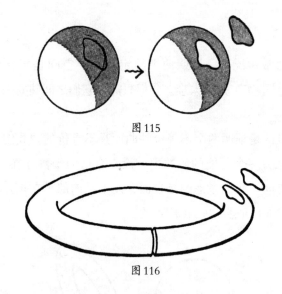

图 115

图 116

　　闭曲线、连通性、不连通性都是拓扑性质，这证明球面和环面这两个空间在拓扑上是不同的。

　　通过改进这一技巧，我们可以区分比如一个有 19 个洞的曲面和一个有18个洞的曲面，但细节会非常繁杂，不太让人满意。

欧拉公式的推广

球面的性质，即对于任何地图都有$V-E+F=2$，是拓扑性质。任何应用于球面的连续变换都会将给定的地图变成一张具有相同V、E和F值的地图。

176

如果试着在环面上画地图，我们发现$V-E+F$不再是2。对于图117中的地图，我们有$V=4$，$E=8$，$F=4$，所以

$$V-E+F=0。$$

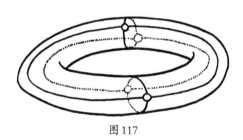

图 117

这个方程也适用于环面上的任何其他地图，其原因与欧拉公式适用于平面或球面上的任何地图类似。环面上地图的这种性质也是拓扑性质。

我们可以把这个公式推广到被称为曲面的各种拓扑空间。

球面和环面都可以作**三角剖分**，也就是说，可以用沿着边组合在一起的三角形来覆盖（图118）。

三角形是否是平的，或者边是否是直的并不重要，我们只 177
需要这些小块与普通三角形拓扑等价。

图 118

任何可由有限个三角形所组成，且其中相邻的三角形都共用一条边或一个顶点的空间被称为**可三角剖分的**。所谓**曲面**是一个拓扑空间，它满足

（1）可三角剖分，

（2）是连通的（即像网络那样连在一起），

（3）没有任何边缘。

曲面的例子包括球面、环面、克莱因瓶和射影平面，图119显示了射影平面的一个三角剖分。

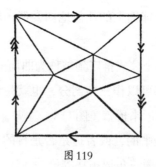

图 119

在这个意义上，莫比乌斯带不是曲面，因为它有一个边缘。平面不是曲面，因为它不能由**有限个**三角形所组成。

在任何曲面上我们都可以像在球面上那样画地图，我们可以数出面数、边数和顶点数。对于给定的曲面 S，可以表明 $V-E+F$ 的值与我们选择的地图无关。它被称为曲面的**欧拉示性数**，记作 $\chi(S)$。由于它不依赖于地图的选择，所以它对于拓扑等价空间是相同的，因此是一个**拓扑不变量**。(拓扑不变量是对于拓扑等价的空间相同的任何东西。)

另一个拓扑不变量是可定向性。环面不可能与克莱因瓶拓扑等价，因为环面是可定向的，而克莱因瓶不是。

欧拉示性数和可定向性这两个不变量足以区分我们目前遇到的所有不同曲面：

S	$\chi(S)$	是否可定向
球面	2	是
环面	0	是
双环面	−2	是
射影平面	1	否
克莱因瓶	0	否

构造曲面

我们的最终目标是根据拓扑等价性对所有可能的曲面进行分类。第一步是构造一组标准曲面。

用来构造曲面的技术被称为**割补术**：切开空间，再把它们粘在一起。这在拓扑学中非常有用。

标准的可定向曲面可以通过在球上缝把手而得到。如果不缝把手，我们得到的是球体。若要缝上把手，我们在球上打两个洞，缝入一个圆筒，其边缘与两个洞的边缘相连接（图120）。

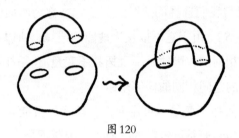

图 120

一个把手给出一个环面，两个把手给出两个环面，以此类推。**亏格为 n 的标准可定向曲面**是一个缝有 n 个把手的球体。（**"亏格"**一词像挂钩一样悬挂数 n，以表示"洞"数。）

标准的不可定向曲面可以通过缝上莫比乌斯带而得到。为179 此，在球体上打**一个洞**。它有一个圆边，莫比乌斯带也有一个圆边，将它们连接起来。如果你试图在三维空间中这样做，则莫比乌斯带必定与自身相交，形成一个交叉帽。但抽象地说，没有什么可惊慌的（图121）。

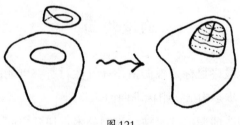

图 121

缝上一条莫比乌斯带给出一个射影平面（如图86所示），缝上两条莫比乌斯带给出一个克莱因瓶，如图83所示。

标准曲面的欧拉示性数

下一步是计算标准曲面的欧拉示性数。对于可定向的情况，我们按照以下方式进行：假设从球上切下来的两个圆盘是一张地图的两个面，地图的一部分如图122所示。

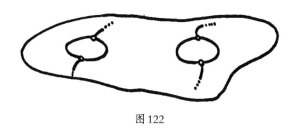

图 122

对于这张地图，由于它在球面上，我们有 $V-E+F=2$。现在，如图123所示，添加一个把手会改变这一等式：我们失去了球面上的两个面，但在把手上获得了两个面，顶点没有变化，增加了两条边。最终结果是欧拉示性数**减少**了2。每添加一个把手，就会发生同样的事情。所以添加 n 个把手，欧拉示性数会减少 $2n$。因此，亏格为 n 的标准可定向曲面的欧拉示性数为

$$2-2n。$$

特别地，这证明了不同亏格的标准可定向曲面不拓扑等价，因为它们有不同的欧拉示性数。

180

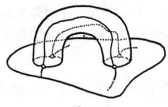

图 123

　　接下来我们讨论不可定向的情况。可以假设移除的圆盘是图 124 所示地图的一部分。

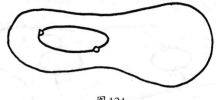

图 124

181　　如果像图 125 那样缝入一条莫比乌斯带，我们就失去了球上的 1 个面，得到了带上的 1 个面和 1 条边。所以这一次，每条莫比乌斯带将使欧拉示性数减少 1。亏格为 n 的标准不可定向曲面的欧拉示性数为

$$2-n。$$

这同样足以区分标准的不可定向曲面。

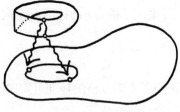

图 125

欧拉示性数和可定向性这两个不变量表明，所有标准曲面在拓扑上都是不同的。我们现在要证明，**任何**曲面都与一个标准曲面拓扑等价。

对曲面分类

我们将会使用齐曼（E. C. Zeeman）提出的证明方法。[①]用割补术把一个给定的曲面切割成若干碎片，再将它们重组为一个标准曲面。切割和重组将以一种拓扑等价的方式进行：我们总是沿着之前的切割线把碎片连接起来。

设 S 为一个曲面。在 S 上画一条闭曲线，它（如果可能的话）不会把 S 分成两部分。如果找不到这样一条曲线，我们就停下来。

位于曲线任一侧的曲面上的窄条带将拓扑等价于一个两端相连的条带。因此，它要么是一个圆筒，要么是一条莫比乌斯带。

现在实施割补术。如果该长条是一个圆筒，我们将它移除，在留下的洞上缝入两个圆盘。我们用箭头标出每个圆盘，以提醒我们如何放回圆筒。如果该长条是一条莫比乌斯带，我们将它移除并缝入**一个**圆盘。

运用我们计算标准曲面欧拉示性数的同样方法（但反过来），可以看到，每一次割补术都会使欧拉示性数增加；如果是一个圆筒，就增加 2；如果是一条莫比乌斯带，就增加 1。我们

182

---

① 参见 E. C. Zeeman, *Introduction to Topology*, Penguin Books。感谢齐曼教授允许我采用他的观点。

现在诉诸

　　未经证明的断言A： 任何曲面的欧拉示性数最多是2。

于是在有限的几步之后，我们的割补术必须停下来。但只有当我们找不到不把曲面分开的曲线时才会停下来。

　　未经证明的断言B： 被其上的每一条闭曲线分成两部分的曲面拓扑等价于一个球体。

因此，当我们的割补术停下来时，我们有一个球体。

现在把这个过程反过来，可能发生三种反割补术。

　　（1）我们有两个箭头方向相反的圆盘，缝入一个圆筒。这等同于缝上一个把手（图126）。

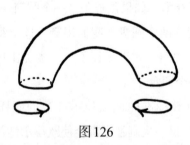

图126

　　（2）我们有一个圆盘，缝入一条莫比乌斯带。

　　　　（3）我们有两个箭头方向相同的圆盘：缝入一个圆筒等同于缝上一个克莱因瓶（图127），这相当于缝上两条莫

比乌斯带（比较图83）。因此可以把第三种反割补术变成
实施两次第二种反割补术。

图127

　　如果我们从一个可定向曲面S开始，那么只会发生第一种
反割补术。于是我们最终得到了一个带把手的球体，这是一个
标准的可定向曲面。我们所做的就是把S割开，再以同样的方
式将它复原（但要注意各个碎片如何组合），因此S与标准曲面
拓扑等价。

　　如果我们从一个不可定向曲面开始，那么这三种反割补术
都可能发生。我们可以去掉上面提到的第三种。由于是不可定
向曲面，所以第二种反割补术至少要发生一次。如果现在发生
第一种反割补术，我们可以让一个圆盘绕着莫比乌斯带移动。
和第十章中假想的手套一样，结果是使圆盘上的箭头方向发生
了改变。于是我们现在有了第三种反割补术，我们再次把它变
成两次第二种反割补术。因此我们现在可以只使用第二种反割
补术：缝入一条莫比乌斯带。但这样做给出了一个标准的不可
定向曲面。

　　除了这两个未经证明的断言，我们已经表明：**每一个曲面**

都与亏格为 $n \geqslant 0$ 的标准可定向曲面或亏格为 $n \geqslant 1$ 的标准不可定向曲面拓扑等价。（在第二种情况下，我们不需要 $n=0$，因为那只是一个可定向的球体，被 $n=0$ 的第一种情况所覆盖。）

为了避免中断流程，我们还没有证明断言 A 和 B。现在，我们必须讨论它们。

184

对断言 A 的证明

我们可以定义网络 N 的欧拉示性数为

$$\chi(N) = V - E,$$

因为这样一个网络没有面。（只有当它被画在某个曲面上时，才可以定义面；因此在上述定义中，我们忽略了面。）

如果 N 是一个网络，我们可以表明 $\chi(N) \leqslant 1$，证明如下：

如果 N 有任何回路，我们就断开一条，只丢掉一条边。这减少了 E，从而**增加**了 $\chi(N)$。我们可以重复这个过程，直到没有任何圈留下。没有圈的网络被称为**树**，如图 128 所示。

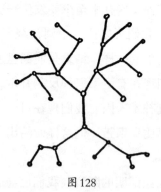

图 128

当我们有一棵树时，可以使用倒塌（如同第十一章）：我们从一根"树枝"的末端移除一个顶点以及所附的边，结果使欧拉示性数保持不变。在足够多次倒塌之后，我们得到了一个单点，对于这个单点而言，欧拉示性数是1-0=1。回到 N：我们先是增加 $\chi(N)$，然后保持它不变，最后得到1。所以 $\chi(N) \le 1$。

我们也看到，任何树的欧拉示性数都是1。

现在我们来看曲面 S，并证明 $\chi(S) \le 2$。我们知道 S 是可三角剖分的，所以存在一张 S 上的地图（带有三角形的面）。我们定义一种新的地图，即**对偶地图**，如图129所示：我们在每个三角形中间放置一个顶点，并且在相邻三角形的任意两个顶点之间画一条边。

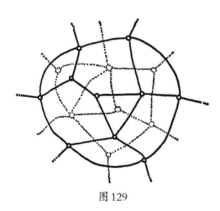

图129

对偶地图的顶点和边构成了一个网络。在这个网络中，我 185 们可以找到一些树（例如一个单点）。从这些树中取一棵最大的：这棵树不能变得更大，除非不再是一棵树。我们称之为**极大对偶树**。（图130中的粗线给出了一个例子。）

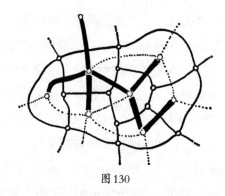

图 130

极大对偶树必定包含对偶地图的所有顶点。否则的话，我们可以用一条路径与某个新的顶点连起来。此路径将在某一点 P 到达对偶树，到达之前点 Q 将不在树上。把 Q 和边 PQ 加到树上仍然得到一棵树，但这与极大性相矛盾。因此所有顶点必定已经包含在内。

假设 M 是一棵极大对偶树，C 是原始网络中由原始顶点和不与 M 相交的各边所组成的部分，则

　　（1）S 上的三角形与 M 的顶点之间存在双射，

　　（2）S 上的边与 M 和 C 的边之间存在双射（因为按照我们对 C 的定义，不在 C 中的 S 的每条边恰好与 M 的一条边相交叉），

　　（3）S 上的顶点与 C 的顶点之间存在双射（按照我们对 C 的定义，S 上的顶点是 C 的顶点）。

这意味着

$$\chi(S) = \chi(M) + \chi(C)。$$

既然M是一棵树，所以$\chi(M) = 1$。C是连通的，所以$\chi(C)$ $\leqslant 1$。因此，正如所断言的那样，

$$\chi(S) \leqslant 2。$$

对断言B的证明

设S是一个曲面，S上的每条闭曲线都会分开S。我们希望表明S是一个球体。

我们先来证明$\chi(S) = 2$。对M和C的假设如前。由于

$$\chi(S) = \chi(M) + \chi(C)，$$

所以若$\chi(S) \neq 2$，则$\chi(C) \neq 1$。因此C不是一棵树。

因此，C包含一个闭圈。它是S上的一条闭曲线，根据假设，它会分开S。但C中的这条曲线把S分成的每一块都必定包含一个对偶顶点。它们必定在M中相连，所以M必定穿过C中的这个圈，但根据定义，M和C不相交，这是一个矛盾，所以我们假设$\chi(S) \neq 2$是错误的。因此$\chi(S) = 2$。

现在可以推出$\chi(C) = 1$，所以C是一棵树。如果取一棵树，把它"变胖"一点，如图131所示，那么结果将与一个圆盘拓扑等价：只需将它朝某个给定的点收缩，便可得到圆盘。

定义S的两个子集：如果S的一个点离M比离C更近，则该点在X中；如果S的一个点离C比离M更近，则该点在Y中。

X和Y都是"变胖"的M或C，因此在拓扑上是一个圆盘。此外，X和Y共有其边缘。因此，S与两个边缘对边缘缝起来的

圆盘……即一个球体拓扑等价。

图 131

曲面上的地图着色

我们可以思考在一个标准曲面上给地图着色需要多少种颜色。

对于欧拉示性数 n，只要 $n \leqslant 1$（除球面以外都为真），那么可以表明（本质上与导出 5 种颜色足够给球面染色的论证一样），

$$\left[\frac{1}{2}(7+\sqrt{(49-24n)}) \right]$$

种颜色就够了。

对于 $n=0$ 的环面，公式给出的结果是 7。如图 132 所示，这也是一个必需的颜色数。

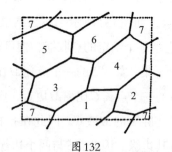

图 132

最近的研究[①]表明，此公式给出了除两种情况以外的所有情况所需的确切颜色数。对于球面，它给出的答案是4，这可能正确，也可能错误。对于克莱因瓶，它给出的答案是7，这是错误的：只需要6种。

这就使四色问题的奇特状况更加复杂了：**只有**对于球面这种最简单的可能曲面，我们才**不**知道答案。[②]

---

①　参见 Ringel and Youngs, *Proceedings of the National Academy of Science* (U.S.A.), 1968 的论文。另见 A. T. White, *Graphs, Groups and Surfaces*, North-Holland/American Elsevier, Amsterdam, London and New York, 1973。

②　现在我们知道了。见附录，第 300 页。

第十三章　代数拓扑

　　欧拉示性数是一个数值不变量，正如我们所看到的，可以用它来区分不拓扑等价的空间。对其他不变量的寻求揭示了拓扑学与抽象代数这两个现代数学分支之间的一种引人注目的关联。与拓扑空间有关的**代数**不变量有无数个：最常见的情况是，我们将一个群与一个空间相联系，使拓扑等价的空间有**同构的**群。

　　通过积累足够多的不变量，我们希望对某些广义拓扑空间进行分类。除曲面外（欧拉示性数和可定向性就够了），这一点从未做到，但数学家们比以往任何时候都更接近于真正理解所涉及的问题。

孔、路径和圈

　　假定我们想区分圆盘和有一个孔的圆盘。

　　我们也许注意到，在这个圆盘中，任何闭路径都可以收缩成一点；但如果有一个孔，则围绕这个孔的闭路径就收缩不到一点——这个孔挡住了路。

　　闭曲线的"可收缩性"显然是一种拓扑性质，因此我们已经实现了区分两种空间这个直接目标。现在我想提出一个关键想法：可以通过考察空间中的路径以及路径的变形方式来发现孔。

让我们把术语解释得更清楚一些。拓扑空间中的**路径**是连接空间两点的一条线。它的扭曲程度如何，甚至是否与自身交叉并不重要，但必须没有断点。我们希望路径是连续的。

190

然而，如果路径的确与自身交叉，我们就必须指定围绕它走的路线：图133中的两条路径被认为是不同的。

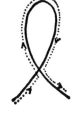

图 133

重要的是，如果我们想用路径来发现孔，那么围绕路径走的方式将会影响路径包围孔的方式。在图134中，我们可以将一条路径从孔那里"拉开"，另一条则不能。

图 134

指定如何沿路径移动的最简单方法是想象一个点沿着路径移动。在 t 时刻，该点在位置 $p(t)$。它从 t_0 开始，到 t_1 结束。由于路径没有断点，这意味着 p 指定了一个**连续函数**，其定义域为区间 $t_0 \leq x \leq t_1$ 的实数 x 的集合，其目标域为给定的拓扑空间。每一个这样的函数都定义了一条路径，每条路径都定义了这样一个函数。

191　　　　如果一条路径终止于另一条路径开始的地方，我们可以先沿第一条路径走，再沿第二条路径走，从而将它们**结合**起来，如图135所示。

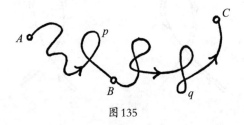

图135

我们让 p 从 A 走到 B，然后将时钟重置为起始时间，再让 q 从 B 走到 C。我们用

$$p*q$$

来表示由此产生的路径。

如果 p 是在区间 $t_0 \leq x \leq t_1$ 上定义的，q 是在区间 $t_2 \leq x \leq t_3$ 上定义的，那么由于我们其间对时钟的重置，$p*q$ 是在区间 $t_0 \leq x \leq t_1-t_2+t_3$ 上定义的。

路径的结合 $*$ 定义了对路径集合的一种运算：任意两条路径的结合将会给出另一条路径，因此路径集合在这种运算下是封闭的。此外，*服从结合律（图136）。

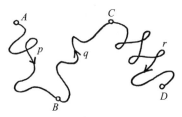

图136

从A到B，然后从B到C再到D（即p*（q*r）），显然等同于从A到B再到C，然后从C到D（即（p*q）*r）。（这让人想起了为什么函数的乘法服从结合律。但请注意，p*q并不等同于pq：事实上，它们的值域和定义域并不十分匹配，所以pq无法定义。）

然而，并非**任意**两条路径都能结合：它们的端点必须一致。如果固定一个**原点**A，我们可以只注意A处的**圈**，也就是起点和终点都在A的路径。现在圈的结合是没有问题的，因为第二个圈总是开始于第一个圈终止的地方，即A处。因此圈的集合在运算*下是封闭的，结合律成立。

这些是群公理（1）（2）和（3）（见第七章）。我们已经得到了某种代数结构。事实上，公理（4）也成立；这个平凡圈——待在A处不动——与任何其他圈组合都会产生那个圈。

唯一缺少的是公理（5），即逆元的存在。现在，逆元是什么？它是**取消**某种东西的方法。要想取消一个圈，我们应当沿反方向沿着它走。

不幸的是，这并不很管用。一个圈p的逆元p^{-1}应当与p结

192

合成平凡圈。但走过这个平凡圈根本不需要时间，而走过 $p*p^{-1}$ 至少需要与走过 p 同样长的时间。

我们无法通过改变对恒等元素的选择来解决这个问题：如果 $p*x$ 等于 p，那么绕着 x 走必须不花时间，以留下足够长的时间绕着 p 走。

但我们已经如此接近于拥有一个群，也许天无绝人之路？

同　伦

整数环 $\mathbf{Z}$ 没有乘法逆元。但如果把它分成一个质数模的同余类，逆元就会奇迹般地出现。

我们目前的困境与此类似：我们没有得到逆元，但需要它们。解决方案也是类似的：将圈的集合分成某种类，并对其进行运算。

193　　我们需要的是与圈的"同余"类似的某种东西——尽管不是欧几里得几何意义上的同余。我们最初的目的，即用圈来发现孔，提供了一个有用的线索。在讨论圆盘中的孔时，我们谈到了圈的"收缩"。

给定空间 S 中的两个圈，如果其中一个圈可以连续变形为 S 中的另一个圈，就说它们是**同伦**的。

这一次我们想要的其实是变形，而不仅仅是连续函数。我们无需担心嵌入的改变会影响结论，因为圈已经嵌入了 S，而 S 是我们感兴趣的。

事实上，更一般路径的同伦要更容易说明。定义是一样的，但同伦路径当然必须有相同的端点。图137中的两条路径是同伦的。（变形由一系列虚线路径来表示。）

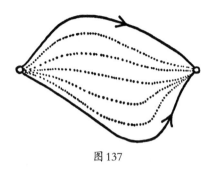

图137

图138中的路径不是同伦的，因为孔挡住了去路。

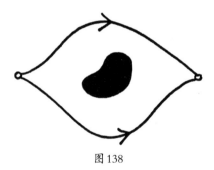

图138

我们不去考虑路径，而去考虑路径的**同伦类**。给定一条路径p，我们用$[p]$来表示与p同伦的所有路径的集合。它是p的同伦类，其行为类似于一个整数的同余类。

如果p^{-1}是反过来的路径p，那么$p*p^{-1}$虽然不**等于**平凡圈，但却与之**同伦**。如图139所示，我们可以将$p*p^{-1}$逐渐朝着原点收缩，同时越来越快地绕之旋转。最后我们回到了一条留在原

194　点的路径，绕之旋转不需要花时间。（为清晰起见，我们把 p 和 p^{-1} 稍微分开了些。）

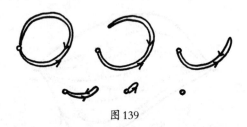

图 139

现在我们差不多做完了。我们把同伦类的结合定义为

$$[p] * [q] = [p*q]$$

（并且检验这是有意义的）。我们发现，圈的同伦类集合在结合运算 * 下构成了一个**群**。

它被称为空间 S 的**基本群**，记作 $\pi(S)$。其构造归功于庞加莱（Poincaré）。

如果 S 和 T 是拓扑等价的空间，那么存在着一个函数 f: $S \rightarrow T$，使 f 和它的反函数 g 都是连续的。

一个连续函数将 S 中的路径变成了 T 中的路径。对路径结合的定义是拓扑的，同伦概念也是如此：f 定义了一个函数 F，使得在同伦类上

$$F([p]) = [F(p)]。$$

195　F 的定义方式意味着

$$F([p]*[q]) = F([p]) * F([q]) \qquad (\dagger)$$

反函数 $g: T \rightarrow S$ 也类似地定义了一个函数 G，它是 F 的反函数。因此 F 是一个双射，($\dagger$) 说 F 是一个同构。

因此，群 $\pi(S)$ 和 $\pi(T)$ 是同构的。在这个意义上，$\pi(S)$ 是一个拓扑不变量。

你可以从 $\pi(S)$ 中提取**数值**不变量，比如 $\pi(S)$ 的阶，但这样做你将失去有用的信息。[①]

圆的基本群

除非我们能作计算，否则基本群是没有多大用处的。一般来说，这项工作并不容易，基本群及其推广是一大套理论的主题。

对于某些空间：$\mathbf{R}$、$\mathbf{R}^2$、圆盘、实心球、……来说，这的确很容易。这些空间没有孔，任何圈都能收缩成平凡圈，如图 140 所示。

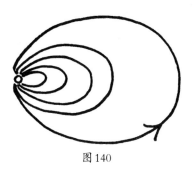

图 140

因此，它们的基本群就是只有一个元素 I 的平凡群，满足 $I^2=I$。

---

① 另一类重要的代数不变量是**同调群**，它最初以**贝蒂数**这种基本的数值形式被人领会。

当S是球面时，运用第十一章中的"橘皮游戏"，我们可以计算出$\pi(S)$。取S上的任意一个圈p。选择一个不在p上的点，围绕该点移除一个不与p相交的小圆盘。球面的其余部分可以展开成一个圆盘；在这个圆盘里，我们可以把p收缩到一点。将圆盘边界再次粘起来表明了如何在S上把p收缩到一点。因此，$\pi(S)$也是平凡群。

下一个最简单的情形是当S是一个圆的时候。S中的任何圈都会环绕S一定的次数。这个数被称为圈的**环绕数**。图141中的圈（为清晰起见，我们画得稍微分开了些）的环绕数分别为1、2和0。将它们反转得到环绕数–1、–2和0（约定逆时针方向为正）。

图 141

我们想证明环绕数决定了同伦类：两条路径是同伦的，当且仅当有相同的环绕数。

这在直觉上是合理的。仅仅通过把圈变形来改变环绕数似乎很难。当然，平凡圈的环绕数是0；上述第三个圈的环绕数也是0，它可以收缩到一点。

为了证明这个结论，我们在图中引入另一个空间。其优点在于，它的同伦性质很容易弄清楚，而且与圆有足够紧密的关联，使我们可以推导出圆的同伦性质。

想象一条线L像螺旋楼梯一样排列在圆的上方，线的点O在圆的原点A之上。圆S中的任何圈都可以被"提升"为线L中的一条路径：想象L上的一点和S上的一点。当S上的点围绕一个圈移动时，L上的点就在它正上方，并以连续的方式移动。对于图141中的圈，我们得到了图142中的路径。

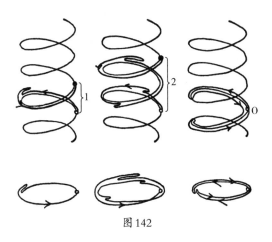

图142

提升的路径并不一定终止于O点，尽管它必须总是终止于螺旋上O点的正上方（或正下方）。它所终止于的在上或在下的层数正好等于环绕数。如果愿意，你可以把这用作一个定义。

197

现在的关键是，S的两条路径是同伦的，当且仅当提升的路径在L中是同伦的。如果L中有一个同伦，我们就可以把它"投影"下来得到S中的一个同伦。反过来，S中的任何同伦都可以提升为L中的一个同伦：当我们使S中的路径发生变形时，我们也使L中的对应路径发生了变形。

然而在 L 中，同伦性质是平凡的，因为 L 是一条线，我们知道 $\pi(L)$ 是平凡的。L 中的两条路径是同伦的，当且仅当这两条路径有相同的端点。这当然是必要的；而由于 $\pi(L)$ 是平凡的，所以它也是充分的。

L 中所有提升的路径都从 O 点开始。如果它们终止于 O 点上方（或下方）的层数相同，则它们有相同的端点。这恰好发生在 S 中对应的圈有相同环绕数的时候。

如果取 S 中的一个环绕数为 n 的圈，将它与一个环绕数为 m 的圈结合起来，我们就得到了一个先环绕 n 次再环绕 m 次的圈。因此它的环绕数是 $n+m$。由此可知，$\pi(S)$ 在加法下与整数群 $\mathbf{Z}$ 同构。

射影平面

如果把 S 取作射影平面，则事实证明，$\pi(S)$ 是有 2 个元素的群：

$$
\begin{array}{c|cc}
 & I & r \\
\hline
I & I & r \\
r & r & I \\
\end{array}
$$

元素 r 是图 143 中所示路径的同伦类。

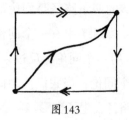

图 143

（回想一下，我们将射影平面看成一个将对径点等同起来的正方形）。

$r^2=1$意味着，尽管图143中的路径不能收缩到一点，但绕它两次所得到的路径却**能够**收缩到一点。

我们可以通过几何观点来理解这一点（图144）：将这条路径拉过左上角；由于对径点的同一性，它又在右下角沿反方向返回。然后我们把整体收缩回原点。

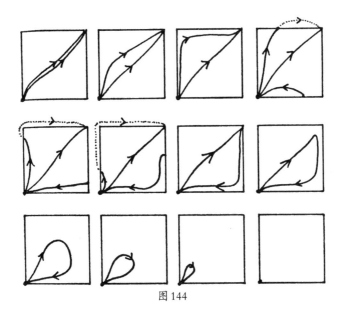

图144

这个奇特的事实与"汤盘把戏"有关。把一个汤盘拿到面前（最好不是你家的传家宝），用右手指尖顶住，使之保持平衡。向下后方移动你的肘部，让盘子经过腋下。用同样的方式转动手臂，抬起肘部，直到盘子回到原来的位置。你的手臂现 199

在是扭曲的，肘部向上而不是向下。

　　但不要就此打住，继续以同样的方式转动你的手臂，把盘子移过头顶，将肘部绕到前面，你将回到初始位置。

　　转一半，你的手臂会扭曲。再继续转，应该会更加扭曲。但事实并非如此：你最终还是回到原来的姿势，手臂没有扭动。

　　这就是在射影平面中发生的事情：转一圈，物体会扭曲；转两圈，就能使之恢复正常。

第十四章　进入多维空间

有人问，"你能给我们看看这个第四维吗？"我回答
说："你能给我看看第一维、第二维、第三维吗？"

——无名氏

常常有这样的事情：一项数学推广起初是为了自己，后来
却被证明对于整个数学非常重要。

在第四章，我们看到欧几里得平面可以被视为所有有序实
数对的集合，我们记为 $\mathbf{R}^2$。同样，三维空间可以被视为所有实
数三元组 (x, y, z) 的集合 $\mathbf{R}^3$。当然，线 $\mathbf{R}$ 是一维的。我们有

一维空间 $=\mathbf{R}=$ 实数 x 的集合
二维空间 $=\mathbf{R}^2=$ 实数对 (x, y) 的集合
三维空间 $=\mathbf{R}^3=$ 实数三元组 (x, y, z) 的集合

现实的空间止步于此。但现实很令人失望。为什么不继续设

四维空间 $=\mathbf{R}^4=$ 四元组 (x, y, z, u) 的集合

五维空间 $=\mathbf{R}^5=$ 五元组 (x, y, z, u, v) 的集合

以及一般的，

n 维空间 $=\mathbf{R}^n=n$ 元组 $(x_1, \cdots\cdots, x_n)$ 的集合呢？

是啊，为什么不呢？我们尽可以作出我们选择的任何定义。但空间并非仅仅由点组成。它有一个**距离**结构。

根据毕达哥拉斯定理，点 (x_1, x_2) 与点 (y_1, y_2) 之间的距离 d 由

$$d^2=(x_1-y_1)^2+(x_2-y_2)^2$$

给出，对应的三维空间中的公式为

$$d^2=(x_1-y_1)^2+(x_2-y_2)^2+(x_3-y_3)^2。$$

在一维空间中，我们甚至可以把公式类似地写成

$$d^2=(x_1-y_1)^2。$$

201　　　　如果一切正常，我们应该能把四维空间中的距离定义为

$$d^2=(x_1-y_1)^2+(x_2-y_2)^2+(x_3-y_3)^2+(x_4-y_4)^2，$$

现在 d 是 (x_1, x_2, x_3, x_4) 与 (y_1, y_2, y_3, y_4) 之间的距离。在 n 维空间中，我们也期待有显而易见的公式。

这不是公式是否**正确**的问题。我们对四维空间一无所知，因此无法检验公式的正确性。我们正在建立一门抽象的数学，可以使用我们想用的任何公式。一种更有助益的态度是，"很好，我同意这是一个显而易见的公式，但你能用它做什么有意义的事情吗？"

某种东西若能被称为"距离"，应当满足三个条件：

（1）任意两点之间的距离是正的。

（2）两点之间的距离在任何方向上都相同。

（3）A 到 B 的距离不应大于 A 到 C 的距离加上 C 到 B 的距离。

条件（3）说，三角形的任一边小于另外两边之和，这大致对应于"两点之间直线距离最短"。

可以对我们的公式验证这些条件。

只要我们取正平方根得到 d，条件（1）就成立。我们之所以能取平方根，是因为公式右边是平方和，所以是正的。

条件（2）说，如果把所有 x 都换成 y，所有 y 都换成 x，那么 d 不应有变化。由于 $(x_1-y_1)^2 = (y_1-x_1)^2$，等等，所以情况正是如此。

条件（3）引出了一个重要的代数不等式。我们取 $n=2$ 的特殊情况。从图 145 可以看出，这归结为证明：

$$\sqrt{(a^2+b^2)} + \sqrt{(c^2+d^2)} \geq \sqrt{((a+c)^2 + (b+d)^2)}.$$

两边平方，那么只要

$$a^2+b^2+c^2+d^2+2\sqrt{(a^2+b^2)(c^2+d^2)} \geq (a+c)^2 + (b+d)^2,$$

即只要

$$2\sqrt{(a^2+b^2)(c^2+d^2)} \geq 2(ac+bd),$$

它就成立。

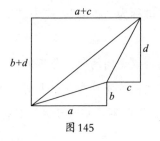

图 145

202 也就是说，只要

$$(a^2+b^2)(c^2+d^2) \geqslant (ac+bd)^2,$$

即

$$(a^2+b^2)(c^2+d^2) - (ac+bd)^2 \geqslant 0,$$

它就成立。你可以算出左边，结果等于

$$(ad-bc)^2.$$

但平方总是正的，所以条件（3）成立，至少在二维情况下是如此。

类似但更繁琐的计算也适用于 n 维情况。我们试探性的想法已经产生了一个重要的不等式。

这意味着，我们对距离的定义至少是合理的。19世纪的几何学家（在三维或更少维的情况下，他们几乎没有定理可证）开始研究抽象的四维空间的性质。令人欣慰的是，他们发现这个概念不仅合理，而且富有成效，充满了美妙的想法和定理。

多胞形

三维空间中有五种正多面体：四面体、立方体、八面体、十二面体、二十面体。四维空间中相应的对象被称为**多胞形**。

它的"面"是三维的正多面体，一如正多面体的面是正多边　203
形；在每一个顶点，各个"面"的排列必须相同。为了避免混
淆，我们把三维的"面"称为**体**，而把这些体的二维的面称为
"面"。

几何学家（特别是施莱夫利［Schläfli］）发现，四维空间
中有**六种**正多胞形：

体	面	边	顶点	体的种类	名称
5	10	10	5	四面体	单纯形
8	24	32	16	立方体	超立方体
16	32	24	8	四面体	16胞腔
24	96	96	24	八面体	24胞腔
120	720	1200	600	十二面体	120胞腔
600	1200	720	120	四面体	600胞腔

（稍后我们会回到这些数的模式。）

然而，在五维、六维或更高维的空间中只存在**三种**正多胞
形：类似于四面体、立方体和八面体。

所以二维、三维、四维、五维、……维空间中正形体的数
目为∞、5、6、3、3、……。

我们无法在纸上画出任何多胞形，但也无法在纸上画出三
维图形。我们习惯于在纸的两个维度上描绘三个维度，这个习
惯由我们眼睛的解剖结构所决定。我们也可以描绘四维图形。
但若没有练习，这些图将很难"读懂"，就像对外行来说工程图
纸很难理解一样。

四维图

一种描绘四维图形的方法是**投影**。这是艺术家在二维画布上绘制三维场景的方法。场景被径向地或垂直地"压扁",如图146所示。

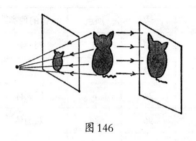

图146

通过类似的程序,我们可以把四维图形投射到三维空间。印制过程中又出现了另一个困难:这个三维投影本身必须被投射到二维空间中!图147显示了超立方体的两个投影。

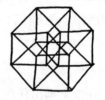

图147

在解释这些图时,必须考虑透视效果。左图内部的小立方体实际上和外部的立方体一样大。但你可以毫不费力地看到,这个超立方体由八个立方体所组成(在左图中,一个大立方体,一个小立方体，还有六个立方体扭曲成了削去顶端的金字塔的形状）。每一个立方体都与其他六个立方体面对面，每一个顶点周围都有四个立方体。

一些计算机程序可以在屏幕上显示四维图形的投影。操作者可以通过"旋转"图形控制投影的方向。据说，有经验的操作者在旋转图形时能够猜到投影的样子——他开始在四维空间中**思考**。研究更高维空间的拓扑学家也容易获得这种能力。 205

还有一种描绘四维物体的方法似乎更容易设想：画一系列截面。这类似于绘制地图等高线来显示山丘和山谷：可以用一个假想的水平面来切割乡村表面，对该平面的不同位置绘制出它把乡村表面切割成的曲线，如图148所示。

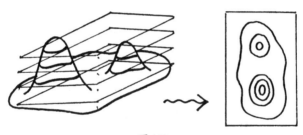

图 148

按照轮廓形状裁剪出一张张卡片，将它们以正确的高度堆放在一起，即可重建表面的形状。

生活在二维空间的生物可以利用这些截面来设想三维物体。一维空间的居民则可以通过一系列线性截面来设想平面图形的形状。

在每一种情况下，截面都会降低一维。因此，四维图形的截面是三维的。

推广在三维空间中取截面的代数公式，即可精确定义 $\mathbf{R}^4$ 或 $\mathbf{R}^5$……中物体截面的含义。我们可以通过类比来猜测这些截面在某些情况下应该是什么样子，然后用代数来验证。

球体的截面是圆，从一个点增长到最大，然后再缩小。因此，**超球体**（四维的类似物）的截面应该是球体，从一个点开始增长，然后缩小，如图149所示。

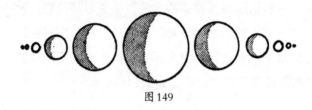

图 149

立方体的截面总是正方形，因此超立方体的截面应该是立方体（图150）。

图 150

堆放截面

对于生活在三维空间的我们来说，主要问题是如何在思想中堆放截面。与平面上的假想居民作类比再次派上了用场。平地居民如何堆放二维截面呢？

他们可以想象做切割的平面随时间匀速运动，从而得到排成正确顺序的二维截面。在给定的时刻 t，截面是一个二维物体。如果他们能拍一部相继画面对应于相继时刻的电影，就可以用它来堆放图片。他们会认为球体是一个圆，从一个点开始增长，然后收缩。

同样，我们可以把一个四维物体的三维截面在时间中堆放起来，从而拍一部三维电影。超球体看起来将是一个不断增长然后收缩的气泡。超立方体将是一个突然出现、在一段时间内保持不变、然后突然消失的立方体。如果你看到一个球体突然出现、保持不变、然后突然消失，你应该知道你看到的是一个具有球形截面的超柱体。

这要好一些，但还不够好。在目前的情况下，我们只能按照固定的顺序来看这部电影。我们就像一个盲人，只能在单一的运动中从上到下感受物体。我们希望能够来回抚摸，仔细研究任何让人特别迷惑（或有趣！）的特征。

简而言之，我们需要一台时间机器——或至少是一台变速的可倒带电影放映机。

这台机器将有一个控制时间的脚踏板，以及某个显示三维图像的屏幕。好在一部假想的机器就能做到：把你的脚用作踏板，并且**想象**画面。

改变脚的压力，你就能在时间中来回移动。作为第一项踏板控制练习，我们将（在四维空间中）不解开两端就解开一个绳结。为简单起见，我们将使用最简单的半结，但其他任何结都可以。图151中的框 A 显示了这样一个绳结，$t=0$ 时它位于三维空间中。

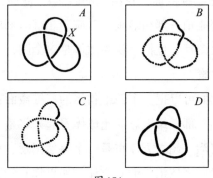

图 151

　　　　在交叉点 X 附近的一点抓紧绳子。压下你的脚，在时间中稍稍前移，从而沿时间方向拖动一个小绳圈，不过大部分绳结仍然保持其原有的时空状态，如框 B（虚线）所示。现在把绳圈下推到低于绳子其他部分通常所在的地方，如框 C 所示。最后，带着绳圈回到时间 $t=0$。结果（框 D）便解开了这个结。

　　　　作为第二项练习，你可以尝试在四维空间中嵌入一个没有自相交的克莱因瓶。在 $t=0$ 时刻，我们从图81开始。抓住相交之处附近的一小段"管子"，在时间维中稍稍移动，便得到不自相交的嵌入。

　　　　你可以想象的另一件事情是连接一个圆和一个球。首先，我们建立一个类比。考虑三维空间中两个连在一起的圆；为方便起见，使其中一个为矩形（图152）。如图所示，放上一个时间轴。

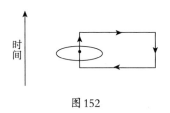

图 152

此连接现在看起来是这样的：在 $t=0$ 时刻，一个点起初位于圆心。它在时间维中前移，在空间中横移，在时间维中后移到圆**之前**，在空间中横移到圆心前的一点，最后在时间维中前移，连成这个圈。

对于四维空间中球和圆的连接，我们也如法炮制。想象 $t=0$ 时刻的一个球体。一个点从球心开始运动。它在时间维中前移（不切割球体，因为它一开始移动，这就会消失），在时间维和空间中围绕这个球体转圈，移动到在时间维中球心之后的一点，最后在时间维中前移，使这个圆闭合。

除了连接，你也可以试着想象绳结。在四维空间中可以给球体打结，就像在三维空间中可以给圆打结一样。拓扑学家为在 n 空间中能否给 m 维的球打结的问题绞尽脑汁。在写这本书时，第一个未解决的情形是17维空间中的10维球。

24维空间中的宇航员

想象一个钟摆摆动一个小角度。在任意给定的时刻 t，它的位置是 p，速度是 q。如果画出 p 与 q 的关系图（选择恰当的时间单位），我们会得到一个圆，随着钟摆的摆动，点（p，q）绕着这个圆匀速转动（图153）。因此，从A开始，我们有$p=0$和$q>0$；在B处有$q=0$和$p>0$，在C处有$p=0$，但现在$q<0$，在D处有$q=0$和$p<0$，这与钟摆的摆动方式一致（图154）。

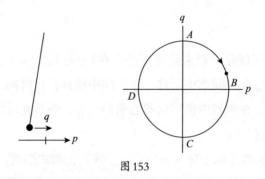

图153

p与q的关系图被称为**相图**，(p, q)平面被称为**相空间**。在这种情况下，它有两个维度，因为钟摆的状态由两个数来决定：一个是位置坐标，一个是它的速度。

任何动力系统都有一个对应的相空间，一个维度是每个位置变量的，另一个维度是每个速度变量的。

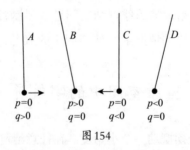

图154

210　　　　　太阳、月亮和地球的系统在引力作用下构成了一个动力系统。每个物体都有三个位置变量和三个速度变量（因为在三维空间中，我们需要三个坐标来确定位置或速度），因此其相空间总共有18个维度。整个系统在任一时刻的状态由相空间中的一个点来表示。随着时间的变化，该点描出的路径完全指明了整个系统的运动。

要想计算宇宙飞船在该系统中的运动轨道，我们必须再加入相空间的6个维度（对于飞船），这个问题也就成了一个24维的几何学问题！这不只是一种描述问题的方式。如果得到系统发展，它将给出一种深刻而强大的数学方法：几何动力学。

对于一个给定的动力系统，有许多方法可以使运动进行下去。对于宇宙飞船，我们可以选择不同的初始位置或速度。每一个初始状态都对应于相空间中的一个点。随着动力系统的发展，该点会描出一条路径，这样我们就得到了一组路径，每个初始位置对应于一条路径。如果想象相空间被流体充满，使得每一个流体微粒对应于系统的一个状态，则流体将会沿着这些路径流动。对于钟摆来说，流线将是同心圆：圆中那个静止的点表示一个竖直悬挂的静止钟摆（图155）。

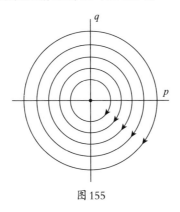

图155

211   顺便说一句，从牛顿的能量守恒定律可以推出，这种假想流体的行为和真实的流体完全一样，而且是不可压缩的。因此，流体动力学方法可以应用于一般的动力系统理论。如果不使用多维几何学，就不可能作这种应用。

欧拉公式的进一步推广

欧拉公式给出了平面地图的面数、边数和顶点数之间的关系。我们已经把它推广到其他曲面。现在我们要问，能否把它推广到更高维的空间。

n 维空间中的"地图"将有一些 n 维区域，有 $(n-1)$ 维的面；而这些面又有 $(n-2)$ 维的面，以此类推，直到0维的顶点。设 F_n 为该地图 n 维"面"的数目。于是对于四维空间中的一个多胞形而言，F_0 是顶点数，F_1 是边数，F_2 是面数，F_3 是体数，F_4 是四维区域数——对于一个正多胞形而言，F_4 是1。

二维情况下的公式是

$$V-E+F=1$$

或

$$F_0-F_1+F_2=1。$$

212   我们还记得这个公式是如何通过"倒塌"来证明的，在倒塌中，相邻维度的变化相互抵消了。考虑4维空间中的表达式：

$$F_0-F_1+F_2-F_3+F_4。$$

我们可以对正多胞形检验一下，请记住，对于正多胞形而言，$F_4=1$。使用第203页的表，我们发现该表达式的值为

$$5-10+10-5+1=1$$
$$16-32+24-8+1=1$$
$$8-24+32-16+1=1$$
$$24-96+96-24+1=1$$
$$600-1200+720-120+1=1$$
$$120-720+1200-600+1=1$$

如果这是巧合，那将很值得注意。

对于三维地图，类似的表达式为

$$F_0-F_1+F_2-F_3。$$

我们在某个不太规则的东西上进行检验（图156）。

图156

我们有 $F_0=14$，$F_1=22$，$F_2=11$，$F_3=2$，而

$$14-22+11-2=1，$$

这再次暗示不是纯粹的巧合。

对于 n 维空间中的地图，我们期待有方程

$$F_0-F_1+F_2-\cdots\pm F_n=1。$$

利用倒塌技巧，不难证明这是事实。我们可以同时倒塌　213

一个顶点和一条边，或者一条边和一个面，或者一个面和一个体，……一般地，倒塌一个m维的面和一个（$m+1$）维的面（图157）。

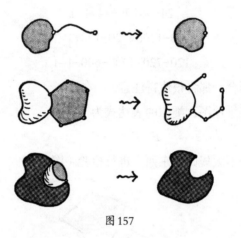

图 157

每一次这样的倒塌都会使方程的左边保持不变。最终我们会归约到一个点，对于它来说，这个值是1。（为使证明正确地运作，需要按照正确的顺序倒塌；但我们已经领会了主要思想。）

因此在这种情况下，定理和证明方法都可以推广。

n维版本的欧拉公式最早由庞加莱证明，因此被称为**欧拉 – 庞加莱公式**。

更多代数拓扑

第十三章中同伦和基本群的概念都可以推广到更高维度。我们不是使用由线段得到的路径，而是使用一个n维的超立方体。如图158所示，我们不是端点连接端点，而是面连接面。为了得到一个群，我们考察边界被压缩到一点的超立方体。

图 158

对同伦概念作适当的推广，最终可以得到一个群，其元素 214 是 n 维"路径"的同伦类。这是空间 S 的第 n 个**同伦群** $\pi_n(S)$。基本群 $\pi(S)$ 现在是 $\pi_1(S)$，即整个代数不变量序列中的第一个。

更高阶的同伦群可以发现 π_1 忽略掉的差异。如果把一个球形的洞从实心球中移除，得到一个像增厚的橘子皮一样的空间 S，则 $\pi_1(S)$ 是平凡的。任何圈都可以绕过这个洞而收缩到一点。但如果在这个洞周围放入一个边界压缩成点的正方体（就像用一个纸袋包裹那个洞），那么这个正方体就不能收缩到 S 内的一点。因此 $\pi_2(S)$ 不是平凡的，并且发现了 π_1 忽略掉的一个洞。

如果知道所有同伦群 $\pi_1(S)$、$\pi_2(S)$、$\pi_3(S)$、……，我们也许有希望知道在拓扑等价的意义上 S 是什么。不幸的是，事实并非如此。但庞加莱猜测，有一种特殊情形也许是成立的：如果 S 和一个 n 维球有相同的 π 的序列，那么 S 是一个 n 维球。

对于$n=2$，这本质上就是第十二章中的断言B。它对于$n \geqslant 5$也是成立的，斯梅尔（Smale）证明了这一点。[1]但对于$n=3$或4，没有人知道答案。[2]

因此，高维拓扑学可能比低维拓扑学更简单，这着实令人惊讶。事实上，拓扑学中流传着最糟糕的维度是4这种说法。四维空间究竟有什么特别之处，这仍然是一个未解之谜。

---

[1]　参见 Rourke and Sanderson, *Piecewise Linear Topology*, Springer, 1972。

[2]　1982 年，四维的庞加莱猜想被迈克尔·弗里德曼（Michael Freedman）所证明。三维的庞加莱猜想仍然悬而未决。参见 Ian Stewart, *The Problems of Mathematics*, Oxford University Press, 1992。（注：三维的庞加莱猜想已经被佩雷尔曼证明了。——译者）

第十五章　线性代数

一个问题

初等代数教科书教我们用下面的方法（或其变体）来解形如

$$x+2y=6$$
$$3x-y=4$$

（1）

的"方程组"：将第一个方程乘以3，得到

$$3x+6y=18,$$

然后减去第二个方程，得到

$$7y=14,$$

因此$y=2$。把这个值代入第一个方程，得到

$$x+4=6。$$

解出x，结果是$x=2$。

假设我们从方程组

$$x+2y=6$$
$$3x+6y=4$$

（2）

开始，这种方法告诉我们把第一个方程乘以3，得到

$$3x+6y=18$$

然后减去第二个方程，得到

$$0=14$$

我们现在尝试解出 y，但无法成功。在学校里，问题都是精心挑选的，所以我们不会遇到这种事情。我们也不会遇到一个相关的现象，例如以下方程组：

$$x+2y=6$$
$$3x+6y=18 \tag{3}$$

标准程序引出了方程

$$0=0$$

我们只能摇摇头，宣称像（2）和（3）这样的方程组是愚蠢的，然后忽视它。但我们确信总能察觉到某种愚蠢的事情即将发生吗？

给定方程组，我们不难找到关于这种行为的解释。在方程组（2）中，两个方程相互矛盾，所以没有解。在（3）中，第二个方程和第一个方程是一样的，所以实际上只有一个方程连接着两个未知数。这并不意味着（3）没有解：相反，解有很多，例如 $x=2$，$y=2$；$x=4$，$y=1$；$x=6$，$y=0$；$x=1/2$，$y=11/4$。另一方面，我们也并非绝对自由，例如 $x=1$，$y=1$ 就**不**是一个解。完整的解集可以这样找到：x 取任意值，比如 $x=a$。对于 a 的这种选择，我们必须取 $y=\frac{6-a}{2}$。这些而且只有这些才能给出解。因此，可能有

> 一个解，
> 无解，
> 无穷多个解，

这取决于方程组。事实上，这些是唯一的可能性：一个方程组不可能正好有2个、3个、4个或除0和1以外的任何有限数目的实数解。（这里我不去证明这一点，但从随后的讨论中可以清楚地看出，这是正确的。）

更多的变量也有同样类型的行为，而且更难发现。面对方程组

$$x+4y-2z+3t=9$$

$$2x-y-z-t=4$$

$$5x+7y+z-2t=7$$

$$3x-2y-8z+5t=21,$$

如果你没有立即注意到，第一个方程的两倍加上第二个方程的三倍减去第三个方程会给出与第四个方程矛盾的

$$3x-2y-8z+5t=23,$$

那是可以原谅的。如果把原方程组中的21换成23，我们就得到了有4个未知数的3个方程，它有无穷多个解。

如果未知数比方程更多，也并不一定能找到解。例如方程组

$$x+y+z+t=1$$

$$2x+2y+2z+2t=0$$

就没有解。

因此，方程组并不像我们以为的那样是一些平淡无奇的东西，其行为是不守规矩和（乍一看）无法预测的。倘若我们实际遇到的所有方程组都能给出单一的解，我们就能忽视这些困难了。不幸的是，事实并非如此。好在方程组中隐藏的一些模式使我们能够解决大多数问题。

217

一种几何观点

绘制方程图的传统技巧解释了方程组（1）（2）和（3）为何如此不同。方程组（1）中的两个方程对应于直线，如图159所示：唯一解是两直线的交点。

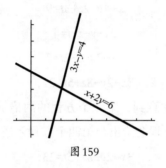

图 159

在方程组（2）中，两直线平行（图160），永不相交。

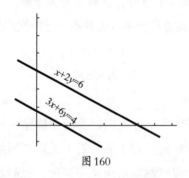

图 160

218　　在方程组（3）中，两直线**重合**，因此直线上所有的点都对应于解（见图161）。

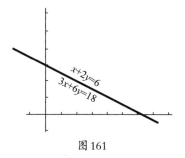

图 161

显然，两直线只有这些可能性，这便解释了为什么我们只可能有0个、1个或无穷多个解。

还有一种从几何观点看待方程的方法，对研究这个一般问题更有用。我们需要建立**两组**坐标（x, y）和（X, Y）。对于第一张图上的每一个点（x, y），我们画出点（X, Y），使得

$$x+2y=X$$

$$3x-y=Y。$$

我们最初的问题（1）现在要我们找到使（X,Y）=（6,4）的点（x,y）。

会发生什么呢？让我们对于选择的少数几个（x, y）计算（X, Y）。

(x, y)	(X, Y)
(0, 0)	(0, 0)
(0, 1)	(2, −1)
(0, 2)	(4, −2)
(1, 0)	(1, 3)
(1, 1)	(3, 2)
(1, 2)	(5, 1)
(2, 0)	(2, 6)
(2, 1)	(4, 5)
(2, 2)	(6, 4)

219　这些结果如图162所示。

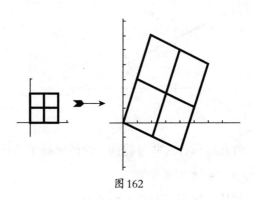

图 162

　　显然，从 (x, y) 到 (X, Y) 的**变换**将 (x, y) 平面上的正方形变成了 (X, Y) 平面上的**平行四边形**。

　　我们最初的方程是通过考察表中的最后一项解出来的：由 $x=2$，$y=2$ 得到 $X=6$，$Y=4$。这是偶然的。但从这张图中还可以看出更多的东西。考虑 (X, Y) 平面上的**任意**一点 (α, β)。显然，(x, y) 平面的某一点最终会位于 (α, β)，因为我们只是对平面作了一些拉伸和旋转罢了。包含 (α, β) 的平行四边形来自某个正方形：这个正方形中的某一点最终实际位于 (α, β)。例如，取 $(\alpha, \beta) = (4\frac{1}{2}, 3)$，它位于所显示的一个平行四边形中间。对应的正方形的中点是 $(1\frac{1}{2}, 1\frac{1}{2})$。

$$x+2y=4\frac{1}{2}$$
$$3x-y=3$$

的唯一解肯定是 $x=1\frac{1}{2}$，$y=1\frac{1}{2}$。

　　此外，这个解显然**必定**是唯一的，因为正方形变成平行四边形的方式不会允许（x，y）平面上两个不同的点最终位于同一位置。此变换没有引入折叠。

但如果画出方程组（2）（和（3））的情况，则必须考察 220

$$x+2y=X$$

$$3x+6y=Y。$$

不难看出，所产生的（X，Y）值只位于一条**直线**上，即直线 $Y=3X$（图163）。

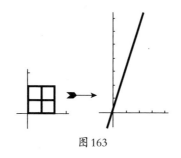

图163

相关的变换把整个（x，y）平面压缩成了一条直线。在方程（2）中，我们要解的是

$$X=6，Y=4。$$

但（6，4）不在这条直线上。因此不可能有解：**没有**（x，y）最终可以在这条直线之外。另一方面，对于方程（3），我们要解的是

$$X=6，Y=18。$$

现在（6，18）**的确**在这条直线上，而且压缩使得无穷多个（x，y）最终都位于（6，18）。

此外，所有可能的（x，y）值构成了（x，y）平面中的一

条直线，即

$$x+2y=6。$$

因此，所发生的不同现象取决于变换 T 的几何性质，使得

$$T(x, y) = (X, Y) = (x+2y, 3x-y),$$

以及变换 S，使得

$$S(x, y) = (X, Y) = (x+2y, 3x+6y)。$$

221   为了研究一般方程

$$ax+by=X$$

$$cx+dy=Y,$$

我们应该考察变换

$$U(x, y) = (ax+by, cx+dy)。$$

对于 3 个未知数的方程组

$$ax+by+cz=X$$

$$dx+ey+fz=Y$$

$$gx+hy+kz=Z,$$

我们需要的变换是

$$V(x, y, z) = (ax+by+cz, dx+ey+fz, gx+hy+kz)。$$

这些被称为**线性**变换，对它们的研究被称为**线性代数**。

模式线索

我们理论上可以用上述线性变换 T 来重新表述方程组（1）。它现在变成了这样：点（6，4）是 T 的**值域**的一个元素吗？我们还记得，T 的值域是 T 所取值 $T(x, y)$ 的集合：于是，（6，4）

在 T 中，当且仅当存在 x 和 y，使得（6，4）$=T(x,y)=(x+2y,$ $3x-y)$；这与方程组（1）相同。

另外两个方程组也是一样的：它们问，（6，4）或（6，18）是否在线性变换 S 的值域中。

由 T 如何把正方形变成了平行四边形可以清楚地看出，T 的值域在几何上显然是整个平面。正如我们看到的，S 的值域是一条直线。

因此，如果想研究一般的方程组，我们应当努力查明线性变换的值域。到目前为止，我们已经找到了平面和直线。它们是全部吗？

不完全是。平凡的方程组

$$0x+0y=X$$

$$0x+0y=Y$$

对应于线性变换 $F(x,y)=(0,0)$，F 的值域是一个点 $\{(0,0)\}$。（使用大括号只是我对集合论知识的卖弄：值域是一个集合。）

然而，这已经穷尽了两个未知数的两个方程的可能性。值 222 域要么是一个平面，要么是一条直线，要么是一个点。当然，如果是平面，它必定是整个 $\mathbf{R}^2$。

当值域是平面时，解总是存在且唯一的。当值域为直线时，解可能存在，也可能不存在；它们只对这条直线上的 (X,Y) 才存在；对于一个固定的 (X,Y)，可能的解本身构成了一条直线。当值域是一个点时，解只对于 $(X,Y)=(0,0)$ 才存在，然后我们有了解的整个**平面**：即 $\mathbf{R}^2$ 中的任何点。

让我们引入"解空间"这个术语来表示解存在时解的集合。

于是，我们有了以下可能性：

值域	解空间
平面	点
直线	直线
点	平面

对于3个未知数的3个方程，我们期望值域和解空间是点、直线、平面或"立体"（即整个 $\mathbf{R}^3$）。情况确实如此。我们有：

值域	解空间
立体	点
平面	直线
直线	平面
点	立体

换句话说，值域越小，解空间就越大；但另一方面，值域越小，解存在的可能性就越小。

一般情况下也会发生同样的事情。如果考察 $\mathbf{R}^n$，则可以证明，值域的维数加上解空间的维数等于 n。例如，$\mathbf{R}^7$ 上值域为三维的线性变换将有四维的解空间。

当然，我还没有定义**维**。这正是线性代数这门学科实际开始的地方，但其细节最好参考一本合适的教科书。[①]不过应该清

---

① 线性代数教材有很多。W. W. Sawyer, *A Path to Modern Mathematics*, Penguin Books, 1966 是一部优秀的导论。从实践的观点看，Fletcher, *Linear Algebra Through its Applications*, Van Nostrand, 1973 很值得推荐。

楚，方程组表面上的不守规矩可以组织成一种清晰的行为模式。

矩阵

　　凯莱为线性变换发明了一种有用的符号。如果 $T(x, y) =$ 223
(X, Y)，其中

$$ax+by=X$$
$$cx+dy=Y$$

（4）

我们把系数挑出来，写成一个方阵：

$$\begin{pmatrix} a & b \\ c & d \end{pmatrix}$$

这样的表达式被称为**矩阵**：T 的矩阵。如果知道这个矩阵，我们就知道了 T，只要知道我们使用的是哪些变量 x、y、X、Y。我们也可以通过引入**列向量**

$$\begin{pmatrix} x \\ y \end{pmatrix} \quad \begin{pmatrix} X \\ Y \end{pmatrix}$$

来引入矩阵，并把（4）紧凑地写成

$$\begin{pmatrix} a & b \\ c & d \end{pmatrix}\begin{pmatrix} x \\ y \end{pmatrix}=\begin{pmatrix} X \\ Y \end{pmatrix}$$

(5)

根据定义，左边的"乘积"是列向量

$$\begin{pmatrix} ax+by \\ cx+dy \end{pmatrix}$$

两个列向量相等，当且仅当其各项相等。

　　这种符号很容易扩展到 3 个或更多个未知数。有 3 个未知数和 3 个方程的一般方程组的形式为

$$\begin{pmatrix} a & b & c \\ d & e & f \\ g & h & k \end{pmatrix}\begin{pmatrix} x \\ y \\ z \end{pmatrix} = \begin{pmatrix} X \\ Y \\ Z \end{pmatrix}$$

我们常常需要依次处理若干个转换。我们也许还有更多个变量 X 和 Y 以及一个变换 U，使得 $U(X, Y) = (\mathbf{X}, \mathbf{Y})$，其中

$$AX+BY=\mathbf{X}$$
$$CX+DY=\mathbf{Y}$$

（6）

或者用矩阵来表示，

$$\begin{pmatrix} A & B \\ C & D \end{pmatrix}\begin{pmatrix} X \\ Y \end{pmatrix} = \begin{pmatrix} \mathbf{X} \\ \mathbf{Y} \end{pmatrix}$$

（7）

我们已经定义了变换的乘积，结果是

$$UT(x, y) = U(X, Y) = (\mathbf{X}, \mathbf{Y})。$$

事实表明，UT 也可以用矩阵来表示。由（6）和（4）可得

$$\mathbf{X}=AX+BY$$
$$=A(ax+by)+B(cx+dy)$$
$$=(Aa+Bc)x+(Ab+Bd)y,$$
$$\mathbf{Y}=CX+DY$$
$$=C(ax+by)+D(cx+dy)$$
$$=(Ca+Dc)x+(Cb+Dd)y。$$

挑出系数，可以写成

$$\begin{pmatrix} Aa+Bc & Ab+Bd \\ Ca+Dc & Cb+Dd \end{pmatrix}\begin{pmatrix} x \\ y \end{pmatrix} = \begin{pmatrix} \mathbf{X} \\ \mathbf{Y} \end{pmatrix}$$

它给出了 UT 的矩阵

$$\begin{pmatrix} Aa+Bc & Ab+Bd \\ Ca+Dc & Cb+Dd \end{pmatrix}。$$

另一方面，我们可以纯形式地由（5）和（7）得到方程

$$\begin{pmatrix} A & B \\ C & D \end{pmatrix}\begin{pmatrix} a & b \\ c & d \end{pmatrix}\begin{pmatrix} x \\ y \end{pmatrix} = \begin{pmatrix} \mathbf{X} \\ \mathbf{Y} \end{pmatrix}$$

这**暗示**，如果把矩阵的乘积定义成

$$\begin{pmatrix} A & B \\ C & D \end{pmatrix}\begin{pmatrix} a & b \\ c & d \end{pmatrix} = \begin{pmatrix} Aa+Bc & Ab+Bd \\ Ca+Dc & Cb+Dd \end{pmatrix}。$$

我们就能得到一种优雅的代数。

例如，在第二章我们有 G 和 H 的变换：$G(x, y) = (x, -y)$ 和 $H(x, y) = (y, -x)$。如果 $(X, Y) = H(x, y)$，则

$$X = y = 0 \cdot x + 1 \cdot y$$
$$Y = -x = (-1) \cdot x + 0 \cdot y$$

于是，H 的矩阵是

225

$$\begin{pmatrix} 0 & 1 \\ -1 & 0 \end{pmatrix}。$$

如果 $G(X, Y) = (\mathbf{X}, \mathbf{Y})$，则

$$\mathbf{X} = X = 1 \cdot X + 0 \cdot Y$$
$$\mathbf{Y} = -Y = 0 \cdot X + (-1) \cdot Y$$

G 的矩阵是

$$\begin{pmatrix} 1 & 0 \\ 0 & -1 \end{pmatrix}。$$

根据公式，GH 的矩阵应当是

$$\begin{pmatrix} 1 & 0 \\ 0 & -1 \end{pmatrix}\begin{pmatrix} 0 & 1 \\ -1 & 0 \end{pmatrix},$$

也就是

$$\begin{pmatrix} 1 \cdot 0+0 \cdot (-1) & 1 \cdot 1+0 \cdot 0 \\ 0 \cdot 0+(-1)(-1) & 0 \cdot 1+(-1) \cdot 0 \end{pmatrix}$$

简化可得

$$\begin{pmatrix} 0 & 1 \\ 1 & 0 \end{pmatrix}。$$

现在我们发现 $GH(x, y) = (y, x)$，因此

$$\mathbf{X}=0 \cdot x+1 \cdot y$$

$$\mathbf{Y}=1 \cdot x+0 \cdot y$$

事实上，通过下这个定义，我们的确得到了一种优雅的代数：这个定义使我们能用线性变换进行计算。我不想深入细节，因为 Sawyer 已有出色的讨论。[①]

不过，我想再做一个计算，以表明如何用矩阵给出三角学的结果。在第二章，我曾给出表示"旋转角度 θ"这一变换的公式。其矩阵形式为

$$\begin{pmatrix} \cos\theta & -\sin\theta \\ \sin\theta & \cos\theta \end{pmatrix}$$

因此，旋转 θ 和旋转 φ 的乘积的矩阵为

$$\begin{pmatrix} \cos\varphi & -\sin\varphi \\ \sin\varphi & \cos\varphi \end{pmatrix}\begin{pmatrix} \cos\theta & -\sin\theta \\ \sin\theta & \cos\theta \end{pmatrix}$$

其结果是

$$\begin{pmatrix} \cos\varphi \cos\theta -\sin\varphi \sin\theta & -\cos\varphi \sin\theta -\sin\theta \cos\varphi \\ \sin\varphi \cos\theta +\cos\varphi \sin\theta & -\sin\varphi \sin\theta +\cos\theta \cos\varphi \end{pmatrix}。$$

而它应该表示旋转（$\varphi+\theta$），其矩阵为

---

① W. W. Sawyer, *Prelude to Mathematics*, Penguin Books, 1955, Chapter 8.

$$\begin{pmatrix} \cos(\varphi+\theta) & -\sin(\varphi+\theta) \\ \sin(\varphi+\theta) & \cos(\varphi+\theta) \end{pmatrix}。$$

比较这两个表达式，得到方程

$$\cos(\varphi+\theta) = \cos\varphi\cos\theta - \sin\varphi\sin\theta$$

$$\sin(\varphi+\theta) = \sin\varphi\cos\theta + \cos\varphi\sin\theta$$

这就是三角学中的"加法公式"。

一种抽象表述

如今，对线性变换的研究是抽象代数的一部分。这源于试图避免在理论中使用坐标。

给定 $\mathbf{R}^2$ 中的两点 (p, q) 和 (r, s)，可以定义它们的和为

$$(p, q) + (r, s) = (p+q, r+s)。$$

如果有一个实数 α，我们也可以定义一个乘积

$$\alpha(p, q) = (\alpha p, \alpha q)。$$

用这些运算可以刻画线性变换：它们就是这样一些函数 T: $\mathbf{R}^2 \to \mathbf{R}^2$，使得对于所有 p、q、r、s 和 α，有

$$T((p, q) + (r, s)) = T(p, q) + T(r, s)$$

$$T(\alpha(p, q)) = \alpha T(p, q)。$$

（如果愿意，你可以对此进行验证。）第一个方程非常类似于群论意义上的同构所服从的方程，这暗示，一种沿着群论思路的抽象方法也许很有启发性。通过考察 $\mathbf{R}^2$ 中实数的加法和乘法以及 $\mathbf{R}^3$、$\mathbf{R}^4$、$\mathbf{R}^5$、……中的类似运算服从什么性质，数学家们给出了以下表述。

227　　　　**R**上的**向量空间**是一个有**加法**和**标量乘法**这两种运算的集合 V。如果 u 和 v 是 V 的元素，α 是实数，则这些运算的结果分别记为

$$u+v \qquad \alpha u$$

其中 $u+v$ 和 αu 都是 V 的元素。

以下公理必须成立：

（1）V 是加法下的交换群，恒等元素是0。

（2）对于所有 $\alpha \in \mathbf{R}$, $\alpha 0=0$。

（3）对于所有 $v \in V$, $0v=0$。

（4）对于所有 $v \in V$, $1v=v$。

（5）对于所有 $\alpha,\ \beta \in \mathbf{R}$, $v \in V$, $(\alpha+\beta)v=\alpha v+\beta v$。

（6）对于所有 $\alpha \in \mathbf{R}$, $v,\ w \in V$, $\alpha(v+w)=\alpha v+\alpha w$。

（7）对于所有 $\alpha,\ \beta \in \mathbf{R}$, $v \in V$, $\alpha \beta v=\alpha(\beta v)$。

向量空间有很多例子。标准的例子是 $\mathbf{R}$、$\mathbf{R}^2$、$\mathbf{R}^3$、……，但向量空间并非只有这些。有一个未定元的多项式环 $\mathbf{R}[x]$ 是一个向量空间，$\mathbf{R}[x,\ y]$、$\mathbf{R}[x,\ y,\ z]$、……也是。它们都有**无限维**。向量空间出现在微分方程的解、群论的某些部分以及微积分的现代表述中。

线性变换现在被定义成这样一个函数 $T: V \to W$，其中 V 和 W 是具有以下性质的任意向量空间：对于所有 $u,\ v \in V$, $\alpha \in \mathbf{R}$,

$$T(u+v)=(u)+T(v)$$

$$T（au）=aT（u）。$$

利用这种抽象的表述，我们可以证明所有关于线性变换的定理。由于没有对坐标做出特定选择，所以证明非常清晰和直接。

然而，要想在特定情况下进行演算，可以使用矩阵符号。

要想正确理解线性代数，需要综合三种观点：

　　（1）背后的几何动机，
　　（2）抽象的代数表述，
　　（3）矩阵论的技巧。

这让学生们开始时很难掌握，也许正是由于这个原因，教科书大都集中在这三种观点中的某一种。但从长远来看，这种偏见所造成的问题要多于它解决的问题：我们常常看到学生们在费力地处理着庞大的矩阵，但若能有一些几何洞见，三下五除二就能解决整个问题。

第十六章　实分析

> "在数学中，几乎没有一个无穷级数的和是以严格的方式确定的。"
>
> ——阿贝尔（N. H. Abel），1826年的一封信

现代数学的三大基石是代数、拓扑和**分析**。（数理逻辑更像是把砖石粘在一起的砂浆。）我已经比较详细地讨论了前两块基石，为公平起见，现在要说说第三块基石。

不幸的是，如果不引入许多专业概念，我们就无法对分析进行深入讨论。任何数学史都会表明，用朴素的方法来处理分析会遇到无法克服的障碍。

也许可以把分析称为对**无穷过程**比如无穷级数、极限、微分和积分等等的研究。造成困难的正是那个若隐若现的无限的幽灵。

无限求和

无穷级数是一个像

$$1+\frac{1}{2}+\frac{1}{4}+\frac{1}{8}+\cdots \qquad\qquad (1)$$

这样的表达式。其本质是"……"，这似乎要求我们把各个项无限地相加下去。对这种表达式抱有怀疑是完全有理由的，因为它似乎要求我们完成一个不可能完成的过程：任何活着的人，任何计算机，无论运算多么快，都无法在有限的时间内做无穷多次加法。我们不禁想起了一个有关电灯开关的悖论问题：电灯开关在一秒钟后打开，半秒钟后关闭，四分之一秒后又打开，八分之一秒后又关闭，……；那么两秒钟后，开关是开着还是关着？

　　于是从表面上看，我们无法保证表达式（1）有任何意义——这个主题在18世纪的研究者几乎都没有注意到这一点。那时，数学符号的任何一种组合在数学上似乎都是有意义的。随着时间的推移，数学家们痛苦地抛弃了这个天真的看法。 230

　　但如果（1）确实有意义，那么对其意义的最好猜测肯定是2这个数。因为我们有

$$1+\frac{1}{2} \qquad\qquad =\frac{3}{2}$$
$$1+\frac{1}{2}+\frac{1}{4} \qquad\qquad =\frac{7}{4}$$
$$1+\frac{1}{2}+\frac{1}{4}+\frac{1}{8} \qquad\qquad =\frac{15}{8}$$
$$\cdots$$

$$1+\frac{1}{2}+\frac{1}{4}+\frac{1}{8}+\cdots+\frac{1}{2^n}=2-\frac{1}{2^n}。$$

如果我们认为总和应当是2，那么如果在 $n+1$ 项之后停下来，误差就是 $1/2^n$。随着 n 的增大，2^n 变得越来越大，$1/2^n$ 迅速减小。事实上，如果 n 取得足够大，我们可以使 $1/2^n$ 变得任意小。

在18世纪，事情应当这样表述：在 $n+1$ 项之和的表达式中，取 $n=\infty$。于是左边是 $\infty+1$ 项之和，但 $\infty+1=\infty$，因此这是级数（1）。而右边是

$$2-\frac{1}{2^\infty}=2-\frac{1}{\infty}=2-0=2。$$

这证明该级数的和必定是2。

实际上绝非如此，这至少有三个理由：首先，必须假设级数（1）有意义；其次，必须假设无限求和可以像有限求和那样做代数运算；第三，将 ∞ 用作表示"无穷"的符号假设 ∞ 的表现像数一样：这个假设合理吗？

231

对无穷级数的盲目操作会导致各种悖论（其中不乏相当迷人的），所有这些悖论在数学上都是灾难性的。

例如，设

$$S=1-1+1-1+1-1+\cdots$$

于是，

$$S=(1-1)+(1-1)+(1-1)+\cdots$$
$$=0+0+0+\cdots$$
$$=0。$$

同样，

$$S=1-(1-1)-(1-1)-(1-1)-\cdots$$
$$=1-(0+0+0+\cdots)$$
$$=1-0$$
$$=1。$$

又或者，

$$1-S=1-(1-1+1-1+1-1+\cdots)$$
$$=1-1+1-1+1-1+\cdots$$
$$=S$$

我们可以解出$S=1/2$。

有人甚至认为，（由S表示的）0与1的相等象征着从无中创世。这不仅证明对无穷过程不加批判的操作是正当的，而且还对上帝的存在给出了一个数学证明！

人们感到，S的三个值在某种意义上都是"正确的"，这困扰着早期的分析学界。数学尚未学会早早认输。人们逐渐意识到，无穷过程本身并无意义，它们必须被赋予意义。一旦做到这一点，就可以对无穷过程中出现的表达式施以限制。此外，我们不再能假定通常的定律仍然适用，虽然运气好的话，可以抢救出一些东西。

什么是极限？

让我们更仔细地考察一下这个麻烦的级数S。前1、2、3、4、……项之和是

1		=1
1−1		=0
1−1+1		=1
1−1+1−1		=0
1−1+1−1+1		=1

232

它们交替取值0和1。随着n变得越来越大，它们不会静止于某

个"极限"，而只是欢快地从0蹦到1，然后再蹦回来。

如果我们认为和是1，则在所有偶数项的地方，误差都是1；如果认为和是0，则在所有奇数项的地方，误差都是1。事实上，最好是赌1/2，因为它在所有阶段都把误差最小化了！

一般级数看起来是这样的：

$$a_1+a_2+a_3+\cdots$$

其中a是实数。"近似的"和是

$$b_1=a_1$$
$$b_2=a_1+a_2$$
$$b_3=a_1+a_2+a_3$$
$$b_4=a_1+a_2+a_3+a_4$$
$$\cdots\cdots$$

随着n变得非常大，b_n的值将逐渐趋近于某个"极限"，我们可以把该级数的值**定义**为这个极限。我们所说的"极限"是什么意思呢？

第一个希望是看看我们在n项之后停止所产生的**误差**：如果极限存在，则这个误差会变得很小。但误差是

$$a_{n+1}+a_{n+2}+a_{n+3}+\cdots,$$

它是另一个**无穷级数**。据我们所知，这帮助不大。

因此，我们必须集中于近似和的序列

$$b_1,\ b_2,\ b_3,\ b_4,\ \cdots$$

看看能否给这个序列的"极限"赋予一种意义。

例（1）可以提供帮助，因为我们期望它有一个和，即2。它的近似和是

$$b_n = 2 - \frac{1}{2^{n-1}}。$$

只要 n 取得足够大，差 $b_n - 2$ 就可以任意小。例如，要使

$$-\frac{1}{1\,000\,000} \leqslant b_n - 2 \leqslant +\frac{1}{1\,000\,000}$$

只需使

$$1/2^{n-1} \leqslant 1/1\,000\,000，$$

取 $n \geqslant 21$ 即可。要使

$$-\frac{1}{1\,000\,000\,000\,000} \leqslant b_n - 2 \leqslant +\frac{1}{1\,000\,000\,000\,000}$$

取 $n \geqslant 41$ 即可，等等。

　　诸如此类的例子引出了一个定义。如果 n 取得足够大，可以使差 $b_n - l$ 任意小，那么就说序列 b_n **趋向于极限** l。[①]

　　趋向于一个极限的序列被称为**收敛的**。（极限 l 必须是**实数**：在目前这个阶段，我们不讨论 ∞。）

　　定义了 b_n 的"极限"之后，我们就可以赋予无穷级数

$$a_1 + a_2 + a_3 + a_4 + \cdots$$

一个意义了。**只要极限存在，它就是近似和的** b_n 序列的极限 l。如果极限存在，我们就说这个级数是**收敛的**。正如那个麻烦的级数 S 所表明的，这个极限并不一定总是存在。

　　现在我们可以讨论无穷级数的和了，但前提是可以证明它

---

　　① 　"任意小"和"足够大"这两个听起来含糊不清的短语实际上非常精确。前者意指给定任何正数 ε，我们都可以使 $b_n - l$ 小于 ε。为此，我们必须使 n 大于**某个数** N，N 可能取决于 ε。因此，对收敛的精确表述是：如果对于所有 $\varepsilon > 0$，都存在 N，使得如果 $n > N$，那么 $|b_n - l| < \varepsilon$，则 b_n 趋向于极限 l。（符号"| |"只是为了确保差是正的。）

是收敛的。（还有一些不太自然的定义可以给不在这个意义上收敛的级数指定一个和——事实上，那个麻烦的 S 在其中一些理论中表现良好，而且和是 1/2——但我们不会讨论这些。）

一旦可以讨论和，我们就能讨论代数定律了。我们可以在任何地方加括号，或者重新排列各个项吗？

即使对于收敛级数，这也并非总是可能的。可以证明，级数

$$K=1-\frac{1}{2}+\frac{1}{3}-\frac{1}{4}+\frac{1}{5}-\frac{1}{6}\cdots$$

234　是收敛的：事实上，它的和是 $\log_e 2$，约等于 0.69。

那么，以下论证错在哪里呢？[①]

$$2K=2-\frac{2}{2}+\frac{2}{3}-\frac{2}{4}+\frac{2}{5}-\frac{2}{6}+\frac{2}{7}-\frac{2}{8}+\frac{2}{9}-\frac{2}{10}+\cdots$$
$$=2-1+\frac{2}{3}-\frac{1}{2}+\frac{2}{5}-\frac{1}{3}+\frac{2}{7}-\frac{1}{4}+\frac{2}{9}-\frac{1}{5}+\cdots$$
$$=(2-1)-\frac{1}{2}+\left(\frac{2}{3}-\frac{1}{3}\right)-\frac{1}{4}+\left(\frac{2}{5}-\frac{1}{5}\right)-\cdots$$
$$=1-\frac{1}{2}+\frac{1}{3}-\frac{1}{4}+\frac{1}{5}-\cdots$$
$$=K_。$$

因此，1.38=0.69。

完备性公理

我们对收敛的定义有一个不太令人满意的方面：在能证

---

① 正如这个显而易见的悖论所表明的，各项的重排假定了一个即使对于收敛级数也不成立的定律！

可以表明，对于各项为正的收敛级数，重排是允许的。

明一个级数收敛之前，我们必须先猜测它收敛于极限 l。例如，一旦我们猜测（1）的极限应该是 2，证明（1）收敛就相对容易了。到目前为止，除了猜测极限，我们无法对收敛性进行检验。

这方面的进展依赖于从另一个角度考察"误差"项

$$a_{n+1}+a_{n+2}+a_{n+3}+\cdots,$$

我们过早地认为它毫无用处。对于收敛级数而言，这些误差"很小"。我们能使这种想法变得精确，并把它用作收敛判据的基础吗？

让我们试着对误差进行近似。（这似乎注定会失败，因为那样一来，我们必须考虑**这**其中的误差，但我们不妨看看。）现在我们得到

$$a_{n+1}$$
$$a_{n+1}+a_{n+2}$$
$$a_{n+1}+a_{n+2}+a_{n+3}$$
$$\cdots$$
$$a_{n+1}+\cdots+a_{n+m}\circ$$

假设它们**都**很小。事实上，假设存在某个小的正数 k，使得对于**每一个** m，都有

$$-k \leqslant a_{n+1}+\cdots+a_{n+m} \leqslant k,$$

则可以说整个误差项"很小"，而且 $\leqslant k$。

换句话说，收敛级数应该具有以下性质。取任意 $k>0$，则可以找到一个整数 n（依赖于 k），使得对于任何 m，"近似误差"

$$a_{n+1}+\cdots+a_{n+m}$$

都小于 k。

反过来，如果能做到这一点，误差就会变得任意小：可以期待级数收敛。

上述想法的好处是它不涉及无限求和，也不涉及对极限进行猜测，而只涉及级数各项的有限求和。坏处是，我们不得不处理一个逻辑较为复杂的陈述，不过没有关系。

正是在这里，实数出现了。如果认为所有数都是有理数，那么就可以把一个有理数序列的极限定义为有理数 l，其性质是，该序列的成员距离 l 任意近。我们也可以对误差项做出上述分析。

现在考虑 $\sqrt{2}$ 的小数展开：

$$\sqrt{2}=1.414213\cdots$$

我们可以把它看成一个无穷级数

$$1+\frac{4}{10}+\frac{1}{100}+\frac{4}{1000}+\frac{2}{10\,000}+\frac{1}{100\,000}+\frac{3}{1\,000\,000}+\cdots$$

如果在 n 项之后停止，那么近似误差最多为

$$0.\underbrace{00\cdots0}_{n}\underbrace{999\cdots9}_{m}$$

不论 m 取得多大，它都小于 $1/10^{n}$。对于足够大的 n，$1/10^{n}$ 可以变得任意小。因此可以期待级数收敛。

另一方面，如果它确实收敛，则它必定收敛到 $\sqrt{2}$，而这不是一个有理数。

然而，该级数的所有项都是有理数。出于无知，我们期待级数的和是有理数，但事实并非如此。这着实让人难堪。我们

直觉地感到，这是因为有理数中缺少某些像$\sqrt{2}$这样的数。我们把这些孔隙填上就得到了实数。

为了逻辑上的精确性，我们给有理数公理加入一条额外的 236 公理，即所谓的**完备性公理**。它确保了作为给定序列极限的**实数**的存在，对于这个序列，误差项可以变得任意小。

连续性

在拓扑学那一章，我们遇到了连续函数的概念。这个概念在分析中也至关重要。

如果画出以下函数的图（图164）

$$f(x)=1-2x-x^2,$$

我们看到图中没有"跳跃"。

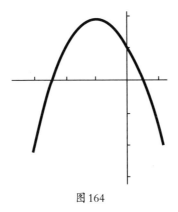

图164

而（目前的）普通信件邮资图却有若干次跳跃（图165）。

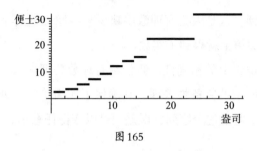

图 165

第一个函数是连续的，第二个函数是不连续的。

在早年的分析界，人们认为用一个漂亮的公式定义的任何函数都必定是连续的。这是一个虔诚但却徒劳的希望：函数

$$g(x) = x + \sqrt{(x-1)(x-2)}$$

的图如图 166 所示。

图 166

237　　　　因此，我们必须更加小心。欧拉曾试图把连续函数定义成"自由移动手所画出的曲线"，但无甚助益。柯西起初将连续函数定义成"变量的无穷小变化会产生值的无穷小变化的函数"。如果你知道什么是无穷小，这当然不错，但没有人知道什么是无穷小：处理无穷小的天真尝试遭遇了击败无限的同样悖论。

目前使用的定义基于"没有跳跃"的想法。

跳跃就像受人呵护的婴儿：小跳和大跳一样让人忧虑。这 238
意味着，寻找跳跃时可以使用显微镜。在显微镜下，跳跃看起
来就像图167。

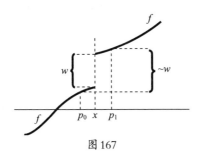

图 167

跳跃有一个明确的宽度w。因此，如果把p_0取在x左边一
点，把p_1取在x右边一点，那么$f(p_0)$和$f(p_1)$的值将会相差
大约w（$\sim w$）。但如果把p_0和p_1取得太远，就不能指望对$f(p_0)$
和$f(p_1)$说太多东西了。

在实数集上对函数f连续性的标准定义旨在消除跳跃。如
果把p_0和p_1选得足够接近x，以至于可以使$f(p_0)$和$f(p_1)$任
意接近，我们就说**f在点x是连续的**。如果f在所有点x都是连
续的，我们就说f是**连续的**。

这个定义胜过欧拉定义的地方在于，我们可以**证明**某些函
数是连续的。例如，取

$$f(x) = x^2.$$

为了证明它在0处连续，我们指出，对于正数k，如果把p_0取
在$-k$与0之间，把p_1取在0与k之间，那么

$$-2k^2 \leq p_0^2 - p_1^2 \leq 2k^2.$$

差的大小是$2k^2$，只要把k选得足够小，就可以使这个差任意小。要使$2k^2 \leqslant 1/1000000$，只需取$k<1/10000$，以此类推。为了证明f是连续的，我们必须对所有点x而不仅仅是0做同样的事情：代数的确要更复杂，但道理很简单。

239　　　　函数可以在某些点连续，在另一些点不连续。邮资函数在2、4、6、8、10、12、14、16、24和32盎司处是不连续的，但在0到32盎司范围内的所有其他地方都连续。

然而，一些函数会表现得非常有趣。这表明，尽管我们可能有一个很好的定义，但它可能并非如我们所愿。函数h

$$h\left(x\right) = \begin{cases} 0, & \text{如果}x\text{是无理数} \\ \dfrac{1}{q}, & \text{如果}x=\dfrac{p}{q}\text{是有理数} \end{cases}$$

在所有无理数点都连续，但在所有有理数点都不连续。更奇怪的是，我们找不到一个在所有有理数点连续、但在所有无理数点不连续的函数！

这当然是一个非常有趣的函数。

事实证明，我们对连续性的定义虽然有些奇特，但对于建立整个分析体系是完全能够胜任的。不过，很可能有更好的方法。最近，由于使用了一种相当复杂的数学逻辑构造，"无穷小量"概念变得重要起来。柯西关于连续性的定义可以因此变得严格起来。但我并不建议向学生讲授所谓的"非标准分析"：这门学科的逻辑极其复杂。

事实上，我们尚未找到一种非常令人满意的方法来引入严格的分析，特别是在学校阶段。

证明分析中的定理

不久前流行的一个难题与一个人上山有关。周一早上9点整，他出发上山，傍晚6点到达山上的小屋，并在那里过夜。第二天早上9点，他沿原路下山，傍晚6点抵达出发地。**证明在这两天里的某一时刻，他位于同一个地方。**

稍作思考可能会得出一个答案：想象一个幽灵在第二天上山，完全效仿这个人在第一天的行动。既然幽灵**向上**走，这个人**向下**走，因此他们必定会相遇：这将给出所要求的白天时刻。

这当中隐藏着分析中的一个定理。因为我们假定这个人的行进是连续的。如果通过某种技术奇迹，他可以从山的一处跳跃到另一处而不需要穿过中间部分，那么他也许能够避开幽灵。

我们可以画出此人这两天的行进图（图168），这样一来，证明的观念便突出出来：**两条曲线必定相交**。

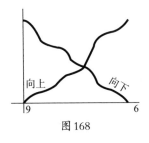

图168

对于不连续的曲线，则不一定相交（图169）。

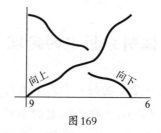

图 169

在分析中，我们不能靠一幅图来论证，因为图有可能骗人。
我们必须根据定义，逻辑地进行。（当然，我们应把这幅图牢记
241　在心！）我们想要证明的定理应当这样表述：假设有两个在实
数线上定义的连续函数 f 和 g，使得在两点 a 和 b，有

$$f(a)<g(a)\quad f(b)>g(b),$$

那么在 a 和 b 之间的某个点 c，必定有（如图170）

$$f(c)=g(c)。$$

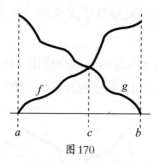

图 170

我们可以这样来证明这个定理：把 a 和 b 之间的区间分成
242　10个部分。在其中一些部分，函数 f 始终小于 g（图171）。取 f
大于 g 的第一个部分，把它分成10个部分。取这其中的第一个
部分，再把它分成10个部分，……以此类推。各个区间的端点

将会形成一个序列

$$p_1, \ p_2, \ p_3, \ \cdots$$

运用完备性公理可以证明，此序列收敛于 a 和 b 之间的一个实数 p。运用连续性的定义可以证明，$f(p)=g(p)$。

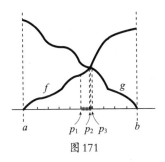

图 171

如果在图 171 中有 $a=0$，$b=1$，我们就会发现

$$p_1=0.5$$

$$p_2=0.58$$

$$p_3=0.583$$

$$\cdots$$

显然，此过程会给出一个无穷小数

$$p=0.583\cdots$$

事实上，完备性公理所做的是让无穷小数受到重视。当然，我之所以在每个阶段都分成 10 个部分，是为了符合十进制记数法。如果分成两个部分、19 个部分或 1066 个部分，也将同样管用。

在这个定理中使用完备性公理是必不可少的，因为该定理对于有理数不成立。例如，函数

$$f(x)=1-2x-x^2$$

是一个有理数上的连续函数，且 $f(0)=1$，$f(1)=-2$。如果该定理对于有理数成立，则0和1之间应该有一个有理数 p，使得

$$1-2p-p^2=0。$$

但这会使 $p=\sqrt{2}-1$，而它**不**是有理数。因此，倘若不在某处使用完备性，我们就无法脱身。

当然，我们可以把严格的证明斥为多余：如果一个定理在几何上是显而易见的，为什么还要证明它呢？这正是18世纪所采取的态度。结果在19世纪造成的是混乱和困惑：因为不受逻辑支持的直觉会习惯性地认为，一切事物的表现都要比它的实际状况好得多。

虽然数学中的好想法不应仅仅因为缺乏严格基础而遭到忽视，但如果任其走得太远，而没有找到背后的根据，它们往往会导致麻烦。

第十七章 概率论

"统计学是一个神学分支。"

——剑桥的一名研究员

概率论起源于赌博问题。在纸牌或骰子游戏中，我何时最有可能赢？机会有多大？①

由于游戏通常是有限的，所以处理这些问题所需的方法是**组合的**，也就是说基于计数理论。例如，要想找到抛硬币连续三次掷出正面（H）的概率，我们列出8种可能性：

$$HHH \quad HHT \quad HTH \quad HTT$$
$$THH \quad THT \quad TTH \quad TTT$$

只有1是我们想要的，所以它的概率是1/8。

这当然要假设掷出正面 H 和掷出反面 T 的可能性相等。现在，在定义"概率1/2"是什么意思之前，我们不能用"概率1/2"来定义"可能性相等"；然而，如果不定义"可能性相等"，我们就无法定义"概率1/2"。或者至少看起来是如此。

———————————

① 参见 W. Weaver, *Lady Luck*, Doubleday, 1963 和 D. Huff, *How to Take a Chance*, Penguin Books, 1977。

如果试图通过做实验来绕过它，我们就会遇到另一个困难。如果 H 和 T 的可能性相等，那么在连续投掷时，我们希望 H 和 T 的数目大致相等。当然，它们不会完全相等：无论如何，当投掷次数为奇数时，它们不可能相等；当投掷次数为偶数时，则可能存在微小的差异。投掷硬币20次，看看是否正好得到10次正面。（你可以多试几次，看看出现的频率！）

我们希望"在极限情况下"，H 的数目与 T 的数目之比应当"趋于"1/2。问题在于，这个"极限"并不是通常分析意义上的极限。可以设想，我们用一枚**无偏**的硬币掷出了完全由 H 组成的序列。当然，这不大可能。但要建立一个考虑到这种可能性的"极限"概念，就需要明确我们所说的"不大可能"是什么意思，而这似乎又需要对"概率"做出定义！

245　　　直到20世纪30年代，这些困难才通过发展出一种**公理**概率论而得到解决。把数学和它的应用分离开来，人们就可以不带任何逻辑疑虑地发展数学，**然后**用实验来检验它是否符合事实。公理概率论之所以取得成功，与公理几何学成功的道理相同。

组合概率

现在假设我们知道"可能性相等"是什么意思，那么对于**事件 E 的概率** $p（E）$ 的一个粗略的工作定义是

$$P（E）=\frac{E\text{可能出现的方式的数目}}{\text{可能出现的事件的总数}}$$

（只要所有事件的可能性相等）。

例如，掷出2个骰子有36种方式，其中5种会得到总数6（即1+5、2+4、3+3、4+2、5+1）。

因此，总数为6的概率是

$$\frac{\text{掷出6的方式的数目}}{36},$$

也就是5/36。

由于所涉及的数是正数，且E可能出现的方式的数目最多等于事件的总数，所以

$$0 \leqslant p(E) \leqslant 1。$$

如果$p(E)=0$，则E不可能出现；如果$p(E)=1$，则E确定出现。

组合概率的技巧以事件的组合方式为中心。假设我们有两个不同的事件E和F。E或F出现的概率是多少呢？

以掷骰子为例。E是事件"掷出6"，F是事件"掷出5"。E或F是"掷出5或6"，显然，这在6次中出现2次。所以

$$p(E \text{或} F) = 1/3。$$

一般地，设$N(E)$和$N(F)$分别为E和F可能出现的方式的数目，T是事件的总数，则

$$p(E \text{或} F) = N(E \text{或} F)/T。$$

那么，$N(E \text{或} F)$是多少呢？假设事件E和事件F没有"重叠"（我会回到这一点），那么

$$N(E \text{或} F) = N(E) + N(F)。$$

于是，

$$
\begin{aligned}
p(E \text{或} F) &= (N(E) + N(F))/T \\
&= (N(E))/T + (N(F))/T \quad (1) \\
&= p(E) + p(F)
\end{aligned}
$$

但如果 E 和 F 重叠了，那么 $N(E)+N(F)$ 将把重叠中的每一个数都数**两次**，而 $N(E$ 或 $F)$ 则只数**一次**。

例如，假设

$$E=\text{"掷出一个质数"}$$
$$F=\text{"掷出一个奇数"}$$

则 E 以三种方式出现：2、3、5。（请注意，1 不是质数。）F 以三种方式出现：1、3、5。但 E 或 F 以**四种**方式出现：1、2、3、5。因此，

$$p(E)=1/2 \quad p(F)=1/2 \quad p(E\text{ 或 }F)=2/3。$$

一般情况下，

$$N(E\text{ 或 }F)=N(E)+N(F)-N(E\text{ 且 }F) \tag{2}$$

由于重叠中的数都数了两次，所以要减去 $N(E$ 且 $F)$。在上述例子中，E 且 F 以两种方式出现：3、5。所以方程给出

$$4=3+3-2，$$

这是正确的。

把（2）除以 T，得到

$$p(E\text{ 或 }F)=p(E)+p(F)-p(E\text{ 且 }F)。 \tag{3}$$

进入集合论

我们可以用集合来更好地表达这些思想。掷骰子的可能**结果**构成了一个集合

$$X=\{1,2,3,4,5,6\}。$$

事件 E 和 F 由 X 的**子集**

$$E=\{2，3，5\}$$
$$F=\{1，3，5\}$$

来表示，如图172所示。

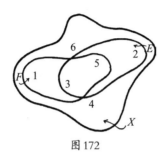

图172

事件"E 或 F"是集合 $\{1，2，3，5\}$，即**并集** $E \cup F$。事件"E　247
且 F"是集合 $\{3、5\}$，即交集 $E \cap F$。概率 p 是在 X 的所有子集
集合 $\mathcal{E}$ 上定义的一个目标域为 **R** 的函数。一般情况下，p 有值域
$[0，1]$，它表示 0 与 1 之间的实数集。

由此可以抽象出**有限概率空间**的概念。它包括

（1）一个有限集 X，

（2）X 的所有子集的集合 $\mathcal{E}$，

（3）函数 p：$\mathcal{E} \to [0,1]$，它有以下性质：对于所有 E、
$F \in \mathcal{E}$，

$$p(E \cup F) = p(E) + p(F) - p(E \cap F)。$$

公理概率论完全通过概率空间起作用。然而，若要考虑无
限概率空间，必须更加微妙地作出定义。在许多应用中，必然

会有无限集 X。例如，一个人的身高可以是（一定范围内的）任何实数，因此有无穷多种可能性。

独立性

248 　　概率论中的另一种基本运算涉及连续两次试验：第一次试验出现事件 E、第二次试验出现事件 F 的概率是多少？例如，我们掷骰子两次，那么第一次掷出 5、第二次掷出 2 的概率是多少？

　　在 36 种可能的组合中，只有 1 种是我们想要的：先 5 后 2。所以概率是 1/36。

　　如果 E 和 F 是在上一节中考虑的事件，则 E 先出现的方式有 3 种，F 后出现的方式有 3 种。我们可以把任意一个 E 和任意一个 F 配对，得到 $3 \times 3 = 9$ 种想要的结果。因此 E 先出现、F 后出现的概率为 9/36=1/4。

　　一般地，我们必须假设第一次试验有 T_1 种可能的结果，$N(E)$ 是 E 可能出现的方式数目；第二次试验有 T_2 种可能的结果，$N(F)$ 是 F 可能出现的方式数目。于是在两次试验中，结果的总数为 $T_1 \times T_2$，因为第一次试验的 T_1 种可能性中的任何一种后面都可以跟着第二次试验的 T_2 种可能性中的任何一种。同样，E 先出现、F 后出现的方式数目为 $N(E) \times N(F)$。因此，

$$p（先 E 后 F）= \frac{N(E) \times N(F)}{T_1 T_2}$$
$$= \frac{N(E)}{T_1} \times \frac{N(F)}{T_2}$$

$$=p（E）\times p（F）。\tag{4}$$

在这个计算中，必须假设E和F是**独立的**，即第一次试验的结果不会改变第二次试验的概率。

如果（比如）第二个事件F是"掷出的总数为4"，那么情况就不是这样。因为如果第一次掷出的是4或更多，则第二次成功的概率是0；如果第一次掷出的是1、2或3，则第二次成功的概率是1/6。

独立性概念可以用概率空间来表述。在实际应用中，我们假设相关现实事件是独立的，应用理论，并通过实验来检验结果。

悖谬的骰子

我们对概率的直觉常常是错误的。考虑四个骰子A、B、C、D，上面标记着

249

$$A：0\ \ 0\ \ 4\ \ 4\ \ 4\ \ 4$$
$$B：3\ \ 3\ \ 3\ \ 3\ \ 3\ \ 3$$
$$C：2\ \ 2\ \ 2\ \ 2\ \ 7\ \ 7$$
$$D：1\ \ 1\ \ 1\ \ 5\ \ 5\ \ 5。$$

（各个面的精确排列并不重要。）

掷一次骰子，A掷出的数比B大的概率是多少？

B总是掷出3。如果A掷出4，这在6次中出现4次，他就赢了。如果他掷出0，这在6次中出现2次，他就输了。因此，

A**赢**B**的概率是**2/3。

如果投掷 B，和 C 比赛，那么 C 掷出 2 时 B 赢，C 掷出 7 时 B 输。因此，

B 赢 C 的概率是 2/3。

如果是 C 和 D 比赛，情况要更为复杂。D 掷出 1 的概率是 1/2，此时 C 总是赢；D 掷出 5 的概率是 1/2，C 掷出 7 的概率是 1/3，这时 C 赢。因此，C 赢的概率是

$$\frac{1}{2} \cdot 1 + \frac{1}{2} \cdot \frac{1}{3} = \frac{1}{2} + \frac{1}{6} = \frac{2}{3}。$$

因此，

C 赢 D 的概率是 2/3。

最后看看 D 和 A 比赛的情况。如果 D 掷出 5，概率是 1/2，此时 D 总是赢。如果 D 掷出 1，概率是 1/2，那么如果 A 掷出 0，概率是 1/3，此时 D 赢。因此，D 赢的概率是

$$\frac{1}{2} \cdot 1 + \frac{1}{2} \cdot \frac{1}{3} = \frac{2}{3}。$$

因此，

D 赢 A 的概率是 2/3。

显然，常赢的骰子要"好于"常输的骰子。如果采用这种说法，那么

A 好于 B

B 好于 C

C 好于 D

D 好于 A。

这些计算并没有错。如果实际玩这个游戏，并且让你的对手选择他的骰子，那么你总可以选择另一个有 $2 : 1$ 获胜机会的骰子。

我们预期，既然 A 好于 B，B 好于 C，C 好于 D，那么这应 250
该意味着 A 好于 D。但我们错了。在目前的语境下，"好于"的
意思依赖于对骰子的选择：我们实际上在玩四种**不同的**游戏。
这就像有四个人在玩游戏：阿尔弗雷德打网球赢了伯特伦，伯
特伦下象棋赢了夏洛特，夏洛特打羽毛球赢了戴尔德雷，戴尔
德雷玩打硬币游戏赢了阿尔弗雷德。

认为商品的需求量取决于大多数人的偏好的那些经济学家
也许可以注意一下这种现象。

二项偏差

想象一个**有偏**硬币。它不是以相等的频率掷出正面和反面，
而是偏向某一面。

这种硬币为许多概率过程提供了模型。如果我们掷一个骰
子，而且只关心是否掷出 6，那么我们实际上是在讨论一枚有
偏硬币，使得 p（正面）=1/6，p（反面）=5/6。如果考察的是
新生儿的性别，则有 p（男孩）=0.52，p（女孩）=0.48。

一般地，设

$$p=p（正面）$$

$$q=p（反面）$$

当然 $p+q=1$，因为由前面的（1）可得，

$$p（正面）+p（反面）=p（正面或反面）=1。$$

运用独立事件理论，很容易找到正面反面序列的以下概率
列表：

$$H \; p \qquad HH \; p^2 \qquad HHH \; p^3$$
$$HT \; pq \qquad HHT \; p^2q$$
$$T \; q \qquad TH \; pq \qquad HTH \; p^2q$$
$$TT \; q^2 \qquad HTT \; pq^2$$
$$THH \; p^2q$$
$$THT \; pq^2$$
$$TTH \; pq^2$$
$$TTT \; q^3 \text{。}$$

掷出给定次数（0、1、2或3）正面的概率是多少？我们需要将掷出正面次数相同的序列组合在一起。例如，对于投掷3次掷出2次正面，我们有 HHT、HTH、THH，每一个的概率都是 p^2q，因此总概率为 $3p^2q$。类似的计算给出了另一张表：

掷出正面的次数

投掷次数		0	1	2	3
	1	q	p		
	2	q^2	$2pq$	p^2	
	3	q^3	$3pq^2$	$3p^2q$	p^3

该表的各行看起来应该很熟悉：比较展开式

$$(q+p)^1 = q+p$$
$$(q+p)^2 = q^2 + 2pq + p^2$$
$$(q+p)^3 = q^3 + 3pq^2 + 3p^2q + p^3 \text{。}$$

右边各项就是表中各项。下一行应该来自

$$(q+p)^4 = q^4 + 4pq^3 + 6p^2q^2 + 4p^3q + p^4 \text{。}$$

对此进行检验是很好的练习。一般地，第 n 行的各项将是

$$(q+p)^n$$

的展开式的各项。

这并非巧合，也不难解释。例如，要想展开 $(q+p)^5$，我们必须算出

$$(q+p)(q+p)(q+p)(q+p)(q+p)。$$

有 3 个 q 的项来自如下这样的乘积：

$$q \quad q \quad q \quad p \quad p$$
$$q \quad q \quad p \quad q \quad p$$
$$q \quad q \quad p \quad p \quad q$$
$$q \quad p \quad q \quad q \quad p$$
$$q \quad p \quad q \quad p \quad q$$
$$q \quad p \quad p \quad q \quad q$$
$$p \quad q \quad q \quad q \quad p$$
$$p \quad q \quad q \quad p \quad q$$
$$p \quad q \quad p \quad q \quad q$$
$$p \quad p \quad q \quad q \quad q。$$

这正好对应于 10 种可能的 3 个反面和 2 个正面的序列：

252

$$T \quad T \quad T \quad H \quad H$$
$$T \quad T \quad H \quad T \quad H$$
$$T \quad T \quad H \quad H \quad T$$
$$T \quad H \quad T \quad T \quad H$$
$$T \quad H \quad T \quad H \quad T$$
$$T \quad H \quad H \quad T \quad T$$
$$H \quad T \quad T \quad T \quad H$$
$$H \quad T \quad T \quad H \quad T$$
$$H \quad T \quad H \quad T \quad T$$
$$H \quad H \quad T \quad T \quad T。$$

显然，它在一般情况下是成立的。如果把n个H和T恰好包含r个H和（$n-r$）个T的序列数目写成$\binom{n}{r}$，那么投掷n次恰好掷出r个正面的概率是

$$\binom{n}{r}p^rq^{n-r}。$$

算出$\binom{n}{r}$并不太难。如果我们为H选择r个位置，那么一切都确定了；因此，$\binom{n}{r}$就是从n个事物中选择r个事物的方式数目，它可以写成

$$\binom{n}{r}=\frac{n(n-1)(n-2)\cdots(n-r+1)}{r(r-1)(r-2)\cdots1}。$$

例如，对于掷出2个正面和3个反面的序列，

$$\binom{5}{2}=\frac{5\cdot4}{2\cdot1}=10$$

这是正确的。

一般展开式为

$$(q+p)^n=q^n+npq^{n-1}+\cdots+\binom{n}{r}p^rq^{n-r}+\cdots+p^n。$$

这就是**二项式定理**，通常归功于艾萨克·牛顿。牛顿曾任皇家铸币厂厂长，这也许是个巧合。

253　　　由这个公式可以计算出投掷n次可以掷出正面的平均次数，结果是np。因此，出现正面的频率是np/n，也就是p。就这样，我们绕着概率作为"事件出现的平均频率"的想法兜了一圈。这个定理（一个更强的形式被称为**大数定律**）显示了我们的数学模型如何与对现实世界的观察联系起来。

随机游走

在本章的最后一节，我想讨论概率论中出现的另一类问题。它可以应用于电子在晶体中的弹跳以及粒子在液体中的浮动等问题。

假设一个粒子在$t=0$时刻从x轴上的$x=0$处开始运动。$t=1$时，它移动到点$x=-1$，概率为$1/2$，或者移动到点$x=+1$，概率为$1/2$。如果该粒子在t时刻的位置是x，那么在$t+1$时刻，它要么移动到$x-1$，要么移动到$x+1$，两者的概率都是$1/2$。对于这个粒子后续的运动，我们能说些什么呢？

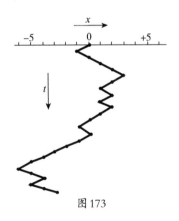

图173

例如，它可以按照

左右右右右左左右左右左左左右左左左左左右右左右右

的序列左右移动。在这种情况下，其运动如图173所示。为清楚起见，路径沿t方向稍微作了拉伸。这是一条非常典型的路径：如果愿意，你可以用一枚硬币在左和右之间做出选择，然后画出其他路径。

我们可以考虑一个平面，而不是一条线：现在粒子向上、向下、向左或向右移动一个单位，其概率均为1/4。还可以沿6个可能的方向作三维游走，每一个方向的概率都是1/6。

一个特别有趣的问题是：给定任意一点X，粒子最终到达X的概率是多少（不必考虑花多长时间）？

我们也许以为，随着X离原点越来越远，概率会减小。事实上并非如此：对于**所有**X，概率都是一样的。在随机游走中，每一点最终和其他点几乎一样。

对于一维或二维的随机游走来说，这个概率是1。几乎可以确定，这个粒子会到达任何给定的点X。（我说"几乎"是因为它也许不会到达点X：它可能会冲到右边，再也看不见。但这种情况的概率是0。对于无穷过程来说，认为概率1意指"确定"，概率0意指"不可能"，这并不完全正确。①）

但是在三维空间中，这个概率只有0.24。

如果你在一维或二维空间中迷了路，并且随机地四处漫游，那么你最终找到回家的路的概率是1。然而在三维空间中，你回家的概率小于四分之一。

然而在所有情况下，你回家所花的平均时间是**无限的**。更准确地说，选择任何时间t_0——可能是5秒，也可能是3000年，如果你持续地漫游，那么在大多数情况下，你离开家的时间将大于t_0。

---

① 例如，考虑在实数线上随机选取一点的实验。选出任何一个特定的数（比如2或π）的概率是零。但并非**不可能**选出2或π。

第十八章　计算机及其用途

"一位流体动力学家在读一篇译自俄文的研究论文时，对其中提到的'水羊'（water sheep）感到困惑。原来这篇论文是用计算机翻译的：相关短语应该是'液压撞锤'（hydraulic ram）。"

——警世故事

严格说来，计算并不是数学的一部分，而是一门独立学科。计算机并不是现代数学的**概念**，而是现代技术的**产物**。然而，学校里的现代数学课程大都包含一些计算，这是完全正确的，因为计算机是把数学应用于现代世界的一种具有重要实际意义的强大工具。

总的来说，计算机在理论数学中不扮演任何角色。要想用计算机解决问题，必须**原则上**确切地知道如何执行解决问题所需的步骤。从理论的观点来看，这意味着问题几乎已经得到解决，特别是如果主要关注**方法**的话。但要得到结果（在实际应用中，这当然是主要需求），方法仅仅原则上行得通是不够的，还必须在实践中行得通。计算机的重要性在于它能弥合原则与实践之间的裂隙。

计算机也引起了数学家的兴趣，因为其构造有数学思想的根据。

在这一章，我想简单谈谈计算机设计和应用背后的数学考虑和实际考虑。关于技术细节，读者可查阅专业书籍。[①]

二进制记数法

从根本上说，计算机是一台计算机器。也就是说，（通常）以数字形式给它数据，告诉它如何操作这些数据，然后它输出结果。今天大多数计算机都是电子数字计算机，它们用电子电路来存储和操作数字形式的数。但还有其他可能性，比如光学计算机（使用光束）和流体计算机（使用液体流或气体流）。稍后我将借助一种使用滚珠的机器来阐明计算机设计背后的一些想法。

计算机并不能直接对数进行操作，因为数本身并不存在于现实世界。在计算机中，需要以某种物理方式来表示数。在**模拟**计算机中，数 x 用 x 个电流单位来表示。但精确性的维持、机器缺乏弹性、操作缓慢等问题使它只适合完成有限范围的任务。我们需要某种更加精细的东西。

最简单的表示数的设备是能以两种稳定状态中的一种而存在的那些设备。开关或开或关，电流或流或止，磁铁可以沿北

---

① *Computers and Computation* (readings from *Scientific American*), Freeman, San Francisco 中有许多有趣的材料。

南或南北方向磁化。**二进制记数法**的存在使我们可以用这种设备对数进行存储和操作。

在日常算术中，我们用**十进制记数法**来表示数。例如，

$$365=（3×10^2）+（6×10）+（5×1）$$
$$1066=（1×10^3）+（0×10^2）+（6×10）+（6×1）。$$

这里出现10的各次幂是一种选择而非必需。我们使用10并没有什么特别的理由：比如可以用6来代替。那样一来，数的序列就成了

$$1=（1×1）$$
$$2=（2×1）$$
$$3=（3×1）$$
$$4=（4×1）$$
$$5=（5×1）$$
$$10=（1×6）+（0×1）$$
$$11=（1×6）+（1×1）$$
$$12=（1×6）+（2×1）$$
$$…$$
$$55=（5×6）+（5×1）$$
$$100=（1×6^2）+（0×6）+（0×1）$$
$$…$$

257

这样一个系统也许是由只有6根手指的生物逐渐发展出来的。

这类记数法系统中最简单的是**二进制**，它使用2的各次幂。如果我们用2只手而不是10根手指来计数，我们就会形成这种数制。唯一需要的数字是0和1，数的序列为：

$$1= \qquad\qquad\qquad\qquad\qquad (1×1) \quad [=1]$$

$$10= \qquad\qquad\qquad\qquad (1×2)+(0×1) \quad [=2]$$

$$11= \qquad\qquad\qquad\qquad (1×2)+(1×1) \quad [=3]$$

$$100= \qquad\quad (1×2^2)+(0×2)+(0×1) \quad [=4]$$

$$101= \qquad\quad (1×2^2)+(0×2)+(1×1) \quad [=5]$$

$$110= \qquad\quad (1×2^2)+(1×2)+(0×1) \quad [=6]$$

$$111= \qquad\quad (1×2^2)+(1×2)+(1×1) \quad [=7]$$

$$1000=(1×2^3)+(0×2^2)+(0×2)+(0×1) \quad [=8]$$

$$1001=(1×2^3)+(0×2^2)+(0×2)+(1×1) \quad [=9]$$

$$…$$

（其中方括号中的数给出了普通十进制记数法中的数）。

普通的加法、减法、乘法、除法都适用于这种记数法，只不过任何大于 1 的数都要"进位"。必要的加法信息是

$$0+0=0$$
$$1+0=1 \qquad\qquad (+)$$
$$0+1=1$$
$$1+1=0 \text{进位} 1。$$

乘法表更简单：

$$0×0=0$$
$$0×1=0 \qquad\qquad (×)$$
$$1×0=0$$
$$1×1=1。$$

学这种记数法长大的孩子在学习他们的乘法表时会易如反掌！

258　　　　所有算术都可以根据表（+）和（×）来完成。例如，要

以标准的长乘法将 11011 乘以 1010，我们写下：

$$
\begin{array}{r}
11\,011 \\
1\,010 \\
\hline
11\,011\,000 \\
110\,110 \\
\hline
100\,001\,110 \\
\end{array}
$$
$\scriptstyle 1\,1\,1\,\ 1$

（其中小 $_1$ 是进位数字）。

在检验的时候，你应该注意在十进制记数法中，11011=16+8+2+1=27，1010=8+2=10，100001110=256+8+4+2=270。

关键在于，二进制和十进制算术只在**记数法**的选择上有所不同，它们都是关于相同类型的数。

一台滚珠计算机

我想说明如何用一台机器来实现表（+）和表（×）。为了让我们的注意力远离电子学的魔法，我将显示如何用滚珠来制作一台加法机。对于电子计算机来说，一般原理是相同的，只不过电子计算机使用的是电脉冲而不是滚珠。

首先，我们需要设计一个按照表（+）来运行的组件。它应该有两个稳定状态（为方便起见，我们记为 0 和 1），并且对"输入"（也取值 0、1）有如下反应：

输入	初态	终态	输出
0	0	0	0
0	1	1	0
1	0	1	0
1	1	0	1

259　（初态当然表示正在被加的数字；输入是另一个数字；终态是和
　　数位；输出是进位位。）

　　　如果用1个滚珠表示输入为1，用0个滚珠表示输入为0，
我们可以用一个在立杆和横杆的会合处转动的T形组件制作一
台"加法器"，如图174所示。重力将提供动力。

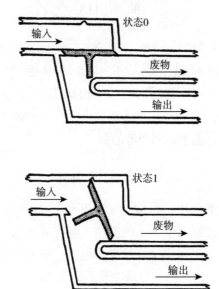

图 174

我们将会看到，

　　　（1）如果设备处于状态0，输入0（即没有滚珠），则
它保持状态0。

　　　（2）类似地，如果它处于状态1，输入0，则它保持状
态1。

（3）如果它处于状态0，通过滚动一个滚珠输入1，则 260
T上翻至状态1。滚珠通过"废物"通道：输出0。

（4）如果它处于状态1，输入1，则T翻回到状态0。
但滚珠通过输出通道，输出1。

因此，该设备做的正是所要求的事情。

将其中一些"加法单元"组合在一起，可以制造出一台完整的加法机。我们用图175的符号来表示这个设备。

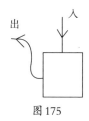

图175

于是，图176中的"回路"就起着一台加法机的作用。

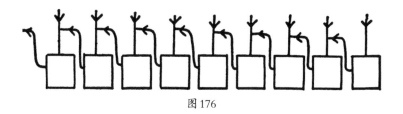

图176

若要执行（我们在前面乘法中所做的）11011000和110110的加法，可以在机器中设置第一个数，然后通过滚珠输入第二个数，如图177所示。

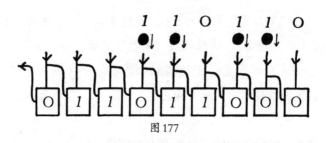

图177

261　　　想象从右到左把滚珠一个个加起来，我们可以按照计算的
步骤来做。第一个孔中没有滚珠。第二个孔中的滚珠把0变成
1，并作为废物输出出去，使机器处于状态

$$0\ 1\ 1\ 0\ 1\ 1\ 0\ 1\ 0。$$

第三个孔的情况也是一样：

$$0\ 1\ 1\ 0\ 1\ 1\ 1\ 1\ 0。$$

第四个孔没有输入。第五个孔有一个滚珠，滚珠通过，把1变
成0，并作为进位输出到第6列：

$$0\ 1\ 1\ 0\ 0\ 1\ 1\ 1\ 0$$
$$1\leftarrow$$

然后它再次通过，把0变成1，它本身变为废物：

$$0\ 1\ 1\ 1\ 0\ 1\ 1\ 1\ 0。$$

最后，第6列的滚珠下落通过，产生以下改变：

$$0\ 1\ 1\ 0\ 0\ 1\ 1\ 1\ 0$$
$$1\leftarrow$$
$$0\ 1\ 0\ 0\ 0\ 1\ 1\ 1\ 0$$
$$1\leftarrow$$
$$0\ 0\ 0\ 0\ 0\ 1\ 1\ 1\ 0$$
$$1\leftarrow$$
$$1\ 0\ 0\ 0\ 0\ 1\ 1\ 1\ 0$$

这就是正确答案。

　　读者可以检验上述操作序列是否完全对应于加法操作，并 262
可尝试其他一些例子。一个有趣的实际问题是找到各个组件的
正确空间排列，使机器的运作只用重力作为动力。这是可以做
到的。

　　当然，在电子计算机中，人们用电脉冲代替了滚珠，用电
子元件代替了 T 形障碍。但背后的想法是类似的。

　　乘法也是可以执行的（比如作为一系列加法）。使用少量
基本电路，重复多次，就可以制造出一个准确的多功能计算器。
由于电子电路反应非常快，机器会很迅速。

计算机的结构

　　运用刚才讨论的思想，我们可以制造出一个**运算器**。然而，
计算机远远不止于此，因为运算器本身没有机动性和灵活性。
计算机的基本结构如下图所示。

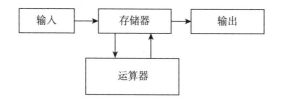

　　计算机的存储器有两种功能。首先，它存储输入的数、在
计算中突然出现的数或即将输出的数。其次，它存储**程序**，这
些程序告诉计算机在计算中应当采取什么步骤。可以说，计算

机在程序中查找指令，执行指令，记住答案；然后查找下一条指令，依此类推。

263　首先，这些指令是用**机器语言**——机器所能"理解"的一种特殊"代码"——编写的。它们非常专业和精确。"移除存储器中位置17的内容，将它放入运算器"，"把运算器中的两个数字相加"，诸如此类。即使是把两个数相乘，也需要许多机器语言指令。

因此，人们又发明了更接近于普通语言的其他编程语言。一条像

$$C=A+B$$

这样的指令会告诉机器，把以A和B之名存储的数相加，并以C之名存储结果。机器必须配备一种用机器语言写成的**编译程序**，能将每一条这样的高级语言指令变成一系列机器语言指令。

高级语言有很多种，比如Algol、Fortran、Cobol（一种商业语言）等。制造商把机器连同必要的编译程序一起交付。

程序的使用使计算机变得极为灵活。它将执行程序员交给它的任何指令序列。因此，同一台机器可以完成许多不同的任务。程序员需要学习一种或多种标准语言，这并不太难。更难的是编程的技艺，即如何高效和有效地使用这些语言。

编写程序

假设你已经学会了一门合适的语言，并且想用计算机来解决一个问题，那么你该如何编写程序呢？

第一步是将问题分解成计算机可以执行的小块，然后编写一个程序来组织这些小块。

例如，你想解二次方程。你知道，

$$ax^2+bx+c=0$$

的答案是

$$x=\frac{-b+\sqrt{(b^2-4ac)}}{2a}。$$

仅仅把这条指令输入计算机是没有用的。（b^2-4ac）可能为负：计算机不会意识到这一点，它会努力找到平方根，得出没有意义的结果。a也可能为0，此时除法是没有意义的。

假设计算机能做算术，包括求平方根，并能识别一个数是正是负。你可以把计算分解，如图178所示，这样一张图表被称为**流程图**。

你会看到，这张图表考虑了若干种可能性：如果a=0，我们可能有一个线性方程；可能没有实根、有1个实根或有2个实根。

下一步是将图表中的过程变成程序。这里有一个困难，因为程序是按顺序排列的指令序列，而图表有分叉和二者择一。为了解决这个问题，程序的各个部分给出了索引字母（在下面这个例子中是A、B、C、D、E）。根据对某些问题的回答是"是"还是"否"，机器被指示从一个部分跳转到另一个部分。

这里有一个用于上述计算的可能程序，该程序是用一种基于Algol的假想语言编写的。如果结合流程图来考虑，它基本上是一目了然的。

264

265

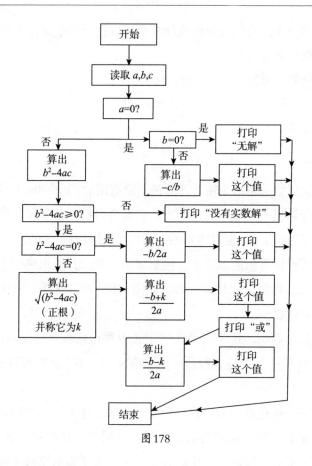

图 178

解二次方程的程序

A：**开始**　实数 a、b、c、k、u、v、w、x、y

　　　　　读取 a、b、c

　　　　　如果 $a=0$，那么到 B

　　　　　$y=b^2-4ac$

如果 $y \geq 0$，那么到C

打印"没有实数解"

结束

B：　　如果 $b=0$，那么到E

$x=-c/b$

打印 x

结束

C：　　如果 $y=0$，那么到D

$k=\sqrt{y}$

$u=(-b+k)/2a$

$v=(-b-k)/2a$

打印 u

打印"或"

打印 v

结束

D：　　$w=-b/2a$

打印 w

结束

E：　　打印"无解"

结束

266

　　"实数 a、b、c、k、u、v、w、x、y"这样一条指令被称为一个**声明**，它告诉计算机用什么符号来表示数，以及是哪种数（实数）。"读取"指示它从某个准备好的数据带中读取 a、b、c

的值。像"如果P，那么到X"这样一条指令是这样执行的：如果P为真，那么机器就跳转到程序中标记为X的部分。否则，它就前进到下一行。其他指令也是一目了然的：计算机按顺序逐行执行这些指令，除非被指示跳转。

这个简单的程序非常典型，希望它有助于解释程序是如何编写的。你可以用a、b、c的几个具体值来考察它是如何工作的。

关于用专门语言编写程序的进一步细节，请参阅合适的手册。[①]

计算机的用途

简单地说，只要有大量可以明确指定的计算要做，就可以使用计算机。是否应该使用计算机往往是一个经济问题，因为计算机很贵；这个花费值得吗？

在商业和政府中，计算机主要用来记账和归档信息。对于这些用途，我将不再赘述，只是顺便指出，"计算机错误"这一常用借口实际上是"程序员错误"。

研究人员可以充分利用计算机来处理实验数据、绘制图表、计算结果表和应用统计技巧。他可以用数值方法来解用其他方式无法处理的方程。一种危险是，通过计算机获得的信息量大

267

---

① 关于 Fortran，可以尝试 The Elements of Fortran Style by Kreitzberg and Schneiderman, Harcourt Brace Jovanovitch, New York, 1972 或 A Guide to Fortran Programming by McCracken, Wiley, New York, 1961。关于 Algol，参见 Wooldridge and Ratcliffe, An Introduction to Algol Programming, English Universities Press, 1963。

得惊人，其中许多信息也许并无价值：再大的计算量也无法从一个设计糟糕的问卷或实验中产生有用的结果。但计算机的能力是巨大的。它的使用让我们对蛋白质结构、遗传密码、物理学的基本粒子和恒星结构有了更深入的了解，还帮助人类登上了月球。

即使在纯数学领域，计算机也取得了显著成就，特别是在有限群的研究方面。但适合计算的问题很少，而且这其中的一些问题需要很长时间才能执行，即使对于今天（或未来的）非常快的机器也是如此。

计算机的用途并不限于数值问题。计算机曾被用来下国际跳棋（下得好）和国际象棋（下得不好），把一种语言翻译成另一种（非常糟糕），创作音乐（马马虎虎）和诗歌。在生产"智能"机器方面，最近的一些进展非常引人注目。

这让我很自然地想到一个经常遇到的问题：计算机会思考吗？这完全取决于你所说的"思考"是什么意思。到目前为止，计算机可以更快、更准确地执行人脑的一些功能，另一些功能则根本无法执行。但如果问，"人类的思维方式是否有什么特别之处，以至于**原则上永远无法被某种机器实现？**"那么我个人认为，回答是"没有"。当然，我们目前还无法复制人脑的功能，而且可以肯定，人脑与现有计算机之间的相似性就如同奶牛与运牛奶的卡车之间的相似性。我们的技术很可能永远无法制造出真正的"智能"机器，人脑可能太愚蠢了。但我认为生产一种能够执行人脑功能的机器没有任何逻辑上的障碍，比如使 $\sqrt{2}$ 不是有理数，或者一个人自己把自己抬起来；原因如下：

人体**显然**是一台机器，因为它是由物质组成的，各个组分服从与其他物质相同的法则。这是一台我们所无法理解的异常复杂和精妙的机器。如果制造像人一样行为的机器存在原则上的障碍，那世上就不会有人了。

这并不是要把人降低到开罐器的水平。许多人坚持认为，人类行为的复杂性、情感、创造性和精神性必定出自于某种比物理定律"更伟大"的东西。这是一个很棒的想法。但如果这些属性都**是**物理定律的结果，那不是好得多吗？这非但不会贬低人类，反而会提升物理学！

第十九章　现代数学的应用

虽说数学可以分成代数、拓扑、分析、逻辑、几何、数论、概率论等各个分支，但必须认识到，我们划不出这些分支的精确界限，这些划分本身也有些任意。当笛卡尔最早发现几何与代数之间的联系，伽罗瓦将群论应用于多项式方程，阿达马和瓦莱·普桑（de la Vallée Poussin）用分析证明一个重要的质数猜想时，他们都感到惊讶。今天的数学家们不再对这种现象感到惊奇。事实上，他们往往会主动寻求这些联系。从一个分析问题开始，将它变成拓扑，简化为代数，再用数论来解决它，是司空见惯的事。

正是这种统一性使我们能像第一章那样讨论"数学的中心体"。这门学科是如此紧密地联系在一起，以至于这个中心体任何部分的真正进展对于整个数学都很重要。数学是一个和谐的整体：只是这种和谐不够完备，因为我们的知识与新关联的模糊线索之间总是存在着差距。

在这个意义上，对这个中心体的任何数学的应用都是对整个数学的应用。如果你坚持认为数学是通过提供应用来证明自己的正当性的，那么对一个部分的应用就能证明整体的正当性了。我们不能仅仅因为小提琴手拉琴时用不着脚就砍掉他的脚；

同样，我们也不能仅仅因为群论不能付房租就抛弃它。

　　传统上有两种数学：纯粹数学和应用数学。纯粹数学家爱做不切实际的白日梦，为数学本身而研究数学，对应用不感兴趣，说应用往往是对他们的诋毁；而应用数学家则脚踏实地，为社会提供有用的服务。

270　　　　和大多数传统一样，这种传统也不无道理。数学是一门如此广泛的学科，每一位研究者都不得不专攻其中一小部分。如果这个部分不能直接应用于现实世界，则被归于"纯粹"一类；如果有应用，则被归于"应用"一类。然而，许多所谓的纯粹数学都有重要应用，而许多所谓的应用数学却没有任何**有用的**应用。我想起有个人提出了关于画刷的数学理论。为了建立能解的方程，他不得不假设画刷的刷毛是半无限平面。因此，他的理论没有提供关于画刷的任何洞见；对数学也贡献甚微，因为他有意建立了能用已知方法求解的方程。

　　我更愿意说存在着（1）数学，（2）数学的应用。数学家的工作是提供强大的工具来解决数学问题：这也许受到了潜在应用的启发，可能是对数学技巧中的绊脚石或重要未解决问题进行更抽象研究的一部分。正如我在第一章所说，数学应用有很大的时滞：这个世纪的纯粹数学也许是下个世纪的理论物理学。应用当然重要，但过于短视地看待它们是无益的。

　　我想举三个例子来说明现代数学的重要应用：一是用线性代数来解决某些类型的经济学问题；二是近年来是用群论来研究物理学的基本粒子；三是一种关于不连续过程的全新理论，基于全新的数学。它在生物学和医学上可能会有重要应用，而且已经被用来研究神经冲动的传播。

最后一种理论非常新颖，大都是纯粹的推测，许多东西还有待弄清楚。若想克服时滞效应，我不得不对未来做一点预测。但如果注意到，微积分在很大程度上是对连续过程的研究，而且两个世纪以来一直是理论科学的基本工具；如果意识到，在物理学、化学、工程学、气象学、生物学、经济学、社会学、政治学、地球物理学、空气动力学等领域都需要对不连续过程有深入理解，那么不连续过程理论至少有极大潜力。

如何将利润最大化

某工厂生产两种不同的产品——"甲"和"乙"。在每一种情况下，产品都是先在车床上转动，然后在上面钻孔。这些操作所需的时间、每周可用的总时间，以及每个甲或乙的利润如下表所示：

机器	甲	乙	可用的时间
车床	3	5	15
钻孔	5	2	10
单位利润	5	3	

制造商如何才能获得最大的利润？

假设他每周做x个甲和y个乙。于是，由时间因素可以给出条件

$$3x+5y \leqslant 15 \qquad （1）$$

$$5x+2y \leqslant 10 \qquad （2）$$

当然，

$$x \geqslant 0 \quad （3）$$

$$y \geqslant 0 \quad （4）$$

他的利润将是

$$5x+3y \quad （5）$$

于是，问题是使满足不等式组（1）—（4）的（5）最大化。

我们没有解不等式组的技巧，因此我们画一张图。满足条件（1）—（4）的点（x, y）位于图179的阴影区域。最后两个条件告诉我们，x和y为正；（1）说，（x, y）在直线$3x+5y=15$下方；（2）（x, y）在直线$5x+2y=10$左边。

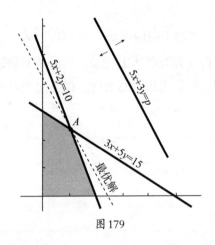

图179

对于给定的利润p，直线$5x+3y=p$如图所示。当我们改变p时，直线会移动，但其斜率保持不变。直线越往右移，p就越大。

我们的问题是找出这条线经过阴影区域时p的最大值，因为阴影区域代表可能的（x, y）。显然，当这条线经过阴影区域一角的A点时，这种情况就会出现。

为了求A，我们求解

$$5x+2y=10$$

$$3x+5y=15$$

结果给出，

$$x=\frac{20}{19} \qquad y=\frac{45}{19}。$$

于是，每周的利润是$5x+3y$，即

$$\frac{100+135}{19}=\frac{235}{19}。$$

为了获得最大利润，工厂应当每19周生产20个甲和45个乙。

类似的考虑适用于任何企业或国民经济。然而，产品和机器的数量将非常大。一般问题是将服从某个线性不等式组的未知量的某个线性组合最大化。这些不等式决定了多维空间中的某个区域。可以表明

（1）这个区域是凸的；

（2）如果存在最大利润，则最大利润出现在该区域的一角。

证明涉及线性代数的基本应用。找到最大利润出现的角所需的技巧也是如此：在有大量未知量的情况下，我们需要计算机。

对国民经济进行全面细致的研究将会涉及大量方程，即使最快的计算机也难以处理。于是需要作一些起简化作用的假设，

结果的有效性也因此是可疑的。

这种技巧被称为**线性规划**，它是经济学的标准方法之一，可见于大多数数理经济学教科书。[①]

八重道

原子理论曾经相当简单。所有原子都被认为由质子、中子和电子这三种不同的基本粒子组成。更深入的研究揭示了其他许多基本粒子的存在：中微子、π介子、μ介子等。然而，还没有理论能将各种粒子组织成一个融贯的结构。

1964年，群论被发现可以提供这样一种结构。以下描述必然是高度简化的，只能给出一个概貌。

基本技巧与群的**表示**有关。给定一个群G，它的表示是这样的：我们寻找一个向量空间V，它有一些线性变换构成了一个与G同构的群G'。这个G'（或者更严格地说是同构）被称为G的一个表示。

考虑这样一个例子：G是有两个元素$\{I, r\}$的群，其中$r^2=I$。如果取$V=\mathbf{R}^2$，我们考虑沿一条过原点的固定直线的反射T。如果设I为单位映射，则$\{I, T\}$构成了V的一个线性变换群。而且$T^2=I$，因此$G'=\{I, T\}$与G同构。

空间V的维数被称为群表示的维数。

在量子力学中，一个给定的物体可以存在于不同的能态。

[①] 例如 Allen, *Mathematical Analysis for Economists*, Macmillan, 1970 和 A. Battersby, *Mathematics in Management*, Penguin Books, 1966。

在由一个质子和一个电子构成的氢原子中，电子可能具有无穷多个精确确定的能量值。电子可以通过吸收或发射光子来改变状态，以保持总能量不变。

量子力学定律有一个数学推论：一个物体的可能状态与该物体的**对称群的表示**精确对应。

例如，一个在真空中的不动点 P 上浮动的原子具有完全的旋转对称性，它的对称群是三维空间中使 P 固定的所有刚性运动的群 O_3。这个群已经**是**一个三维空间的线性变换群，因为刚性运动是线性变换，所以它有一个三维表示（物理学家称之为**三重**表示）。

现在，如果接通一个磁场，对称就破坏了：磁场方向定义了三维空间中的一条线，对称群现在是保持这条线不变的旋转群 O_2。事实表明，O_3 的三重表示可以分解成 O_2 的三种不同的一维表示。当磁场接通时，在没有磁场的情况下出现的一条光谱线在分光镜中分解成了三条紧密排列的光谱线。计算出来的能量与实验吻合。

这种对群论的运用在量子力学中很常见。1938 年，它被用来预言 π 介子及其各种性质。1947 年，实验发现了 π 介子，所预言的性质都成立。

在已知的基本粒子中，一些粒子的质量比其他粒子大得多，故统称**重子**。其中包括中子 n^0、质子 n^+ 以及用 Λ（λ）、Ξ（ξ）、$\sum$（σ）和 Δ（δ）表示的更神秘的粒子。每一种粒子都有一定的质量以及一个总是基本电荷单位整数倍的电荷，质子的电荷是基本电荷单位的 +1 倍，中子的电荷是基本电荷单位的 0 倍。

（电子的电荷是它的 −1 倍，但不是重子。）

　　还有一些与基本粒子相关的物理量不如质量或电荷直观，包括**自旋**、**同位旋**、**超荷**和**奇异性**等。

　　最常见的重子有 8 种，包括两个 Ξ、三个 ∑、一个 Λ 和两个 n。它们的质量、电荷、同位旋（I）和超荷（Y）如图 180 所示。

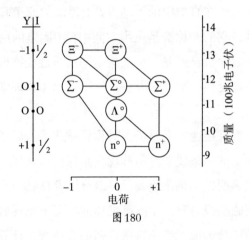

图 180

276　　　这一切都可以通过一个被称为 SU_3 的群的表示组织起来。SU_3 的最自然的表示有 8 维。如果自然界中的 SU_3 对称是不完美的，那么该对称群就会退化成一个子群 U_2。原初的 8 维表示分成了 4 个部分，分别有 3、2、2、1 维。它们完全对应于三个 ∑、两个 Ξ、两个 n 和一个 Λ。

　　此外，观测到的超荷（Y）、同位旋（I）、质量和电荷值与 SU_3 理论所预测的值一致。似乎所有重子实际上都是**同一种基本粒子**的不同状态，这种基本粒子因自然之中的不对称而被扰动成八种不同类型。

这一理论被称为"八重道"。

有一项至关重要的检验。SU_3的下一个表示有10维。退化成U_2时，它分成了4个部分，分别有4、3、2、1维。九种已知粒子与之相符：四个 Δ、三个 $\sum$ 和两个 Ξ（图181）。（$\sum$和Ξ的质量之所以与图180中有所不同，是因为我们考察的是不同的状态。）

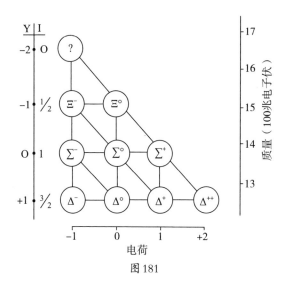

图181

其中的问号表示缺少一种粒子。该理论对这种粒子作了几项预言：它必须有电荷 -1、超荷 -2、同位旋0和大约1700兆电子伏的质量。这一组合非常出乎意料。

1964年2月，在一次特别设计的实验中发现了这种粒子，它被称为 **Ω^-粒子**。

一种基于抽象群的理论已经正确地预言了一种迄今未知的

基本粒子的存在。[①]

突变理论

连续变化并不总能产生连续的结果。要想点亮一盏灯，你沿一条平滑的连续路径把开关从"关"移到"开"的位置。但两者之间有一个点，灯在那里**突然**从"关"切换到"开"。如果一个人从悬崖边掉下去，那么在悬崖附近的连续运动将会产生不连续的结果。

直到最近，大多数数学以及几乎所有物理学都把注意力集中在连续变化上。然而，世界上最杰出的数学家之一勒内·托姆（René Thom）却发现了一种关于不连续变化的深刻理论，他称之为"突变"。[②]

[①]　更多细节可参见'Mathematics in the Physical Sciences' by F. J. Dyson, in *Mathematics in the Modern World*（readings from *Scientific American*）edited by Morris Kline, published by Freeman, San Francisco, 1970。

[②]　参见 R. Thom, translated by D. Fowler, *Structural Stability & Morphogensis*, Benjamin, Reading, Massachusetts, 1975。自我写了这一章之后，又出现了几篇介绍托姆理论的文献，其中包括：

E. C. Zeeman, 'Catastrophe Theory', *Scientific American* 234, 1976, pp. 65–83.

1. N. Stewart, 'The Seven Elementary Catastrophes', *New Scientist* 68, 1975, pp., 447–454.

T. Poston and I. N. Stewart, 'Taylor Expansions and Catastrophes', *Research Notes in Mathematics* 7, Pitman Publishing, London, 1976.

T. Poston and I. N. Stewart, *Catastrophe Theory and its Applications*, Pitman Publishing, London, 1978.

E. C. Zeeman, *Catastrophe Theory: Selected Papers (1972–1977)*, Addison-Wesley, Reading, Massachusetts, 1977.

这一理论有着广泛而重要的潜在应用，也许最重要的应用是在生物学领域。胚胎在发育过程中会经历许多不连续变化，比如细胞分裂，肢体开始形成，神经、骨骼和肌肉开始发育，等等。深入认识这些过程可能会使生物学产生巨大进步。也许有一天，我们可以在医学中运用这种认识，特别是在儿童畸形方面。

这种应用如果可能，还需要数十年或数百年时间。但托姆的理论是唯一能让我们深入认识不连续过程的理论。因此，它是值得发展的。

如果读者能够制作（或至少是想象）一台如图182所示的 **齐曼突变机**，[①]那么接下来的讨论会非常方便。它是一个旋转的圆盘，圆盘边缘附有两条等长的橡皮筋。一条固定在 F 点，另一条可以自由移动。

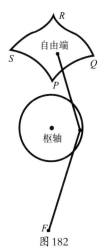

图 182

①　Poston and Woodcock, 'Zeeman's Catastrophe Machine', *Proceedings of the Cambridge Philosophical Society* 74, 1973, pp. 217–226.

（用图钉把一个硬纸板做的圆盘钉在木板上。对于直径5厘米的圆盘，F点应当位于圆盘中心下方约12厘米处；橡皮筋应当大约8厘米长，不要太硬。最好是用某个可自由旋转的装置将橡皮筋连接到圆盘边缘。）

实验将会表明，存在一个形如$PQRS$的菱形区域，它有以下性质：在这个区域之外，圆盘只可能在一个位置停止移动。在这个区域之内，则有两个可能的静止位置。

279　　此外，通过橡皮筋自由端的连续变化，可以使圆盘从一个静止位置突然跳跃到一个完全不同的静止位置。对于图183所示的运动，当路径移出（而**不是**移入）菱形区域$PQRS$时，圆盘会发生跳跃。

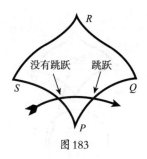

图183

要想看清楚为什么会这样，我们对橡皮筋中的能量进行分析。想象圆盘被人为地推到某个非平衡位置。当我们放手时，它又砰地一声回到了某个平衡位置，这是为了将橡皮筋中存储的能量最小化（更严格地说是为了让能量保持稳定，我们将在下文中进行解释）。

在区域$PQRS$之外，能量曲线如图184所示，其中θ表示圆盘所处的角度。它只有一个最小值，因此只有一个平衡位置。

在 *PQRS* 之内，能量曲线如图185所示。它有两个最小值，对应于不同的角度 θ：因此有两个平衡位置。

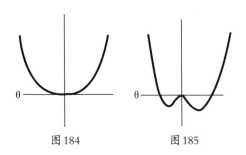

图184　　　　　　　图185

在两个最小值之间有一个最大值。它实际上对应于一个平衡位置，但这个位置是**不稳定的**。轻微的扰动就会使能量"滚落"到最小值。使一根针在其针尖上保持平衡从理论上讲是可能的，但这种位置是一种不稳定的平衡。

当我们沿着图183所示的路径走时，能量曲线的变化如图 280 186所示。

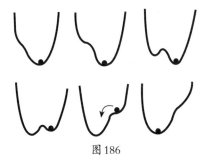

图186

圆盘从一个最小值开始，由于连续性条件，**当这个最小值仍然**

存在时，它保持在那个最小值。当这个最小值消失时，它无法
保持在其中，于是会移到其余的那个最小值。圆盘试图连续地
运动，但却因为一些无法控制的情况而不得不发生跳跃。

281　　　如果画一张三维图来显示对于自由端每一个位置的可能平
衡，就能把这种行为看得更清楚了。可以证明，结果如图187
所示。

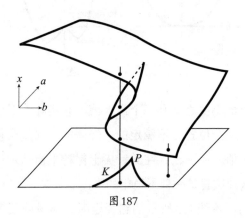

图187

这张图将点P与部分菱形区域一起显示出来。为清晰起见，
此区域已经调整了方向。对于尖点形线K内的点，有三种可能
的平衡：一种在折叠的顶层，一种在中间，一种在下方。中间
的平衡是不稳定的。在K外的点上，只有一层表面。

当我们沿着一条路径穿过K时，圆盘试图保持在与顶层表
面相对应的平衡位置。然而当我们离开K时，它"从边缘滚落
下来"，圆盘发生跳跃。

我们可以按照以下方式定量地进行。取一个坐标系(a,b)，
原点为P。再选择一个与圆盘的平衡角度有关的变量x。对于a、

b、x 的很小的值，橡皮筋中的能量 V 是

$$V=\frac{1}{4}x^4+\frac{1}{2}ax^2+bx。$$

要想找到平衡，我们需要能量的**稳定值**。在最大值、最小值和 282
"拐点"处，能量图是水平的。图188说明了这些可能性。

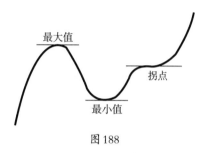

图 188

但用微积分可以表明，稳定值出现在 $\frac{dV}{dx}=0$ 时，即

$$x^3+ax+b=0。$$

如果通过选择 a、b 的特定值并计算 x 来绘制这个方程的"图"，
我们就得到了图187。

　　勒内·托姆研究了上述情况是其特例的一种一般情况。他
考虑任何可以用变量

$$x、y、z、\cdots$$

来测量行为的动力系统，它由另一组变量

$$a、b、c、\cdots$$

来控制。

　　变量 x、y、z、……是**行为空间**的坐标，a、b、c、……则
是**控制空间**的坐标。系统的行为受制于系统中的**势能**或能量：
我们取一个完全一般的势能

$$V=V(x, y, z、\cdots, a, b, c, \cdots)$$

它只服从可以对 V 应用微积分运算的条件。

对于 a、b、c、……的固定选择，系统的平衡位置与 V 的稳定值相对应。

在齐曼突变机中，我们有一个行为维度 x 和两个控制维度 a、b：势能 V 是给定的。

显然，对于任意选择的 V，我们都可以得到这样一个系统，所以存在着无穷多个这样的不同系统。但如果我们"改变坐标"，其中许多系统会变成相同的。在齐曼突变机中，如果把 x 变成 $2X$，那么 V 就变成了

$$4X^4+2aX+b,$$

它不同于旧的 V。但如果对新系统了如指掌，我们也会对旧系统了如指掌：变化并不大。要想去除无关紧要的变化，最简单的办法是只考察拓扑性质。

物理世界中的所有事件都受制于 4 个变量：3 个空间变量和 1 个时间变量。如果考虑的是物理应用，那么我们可以常常只关注四维控制空间（但这样做并不本质。）

然后托姆证明了一个奇妙的定理。对四维控制而言，这样一个动力系统中常常出现 7 种拓扑上截然不同的不连续性。**使能量最小化的每一种物理不连续性通常都是这 7 种基本类型之一。**

托姆列出了这 7 种类型，他称之为**基本突变**。它们是这样的：

名称	势能 V
折叠型	$\frac{1}{3}x^3+ax$
尖点型	$\frac{1}{4}x^4+\frac{1}{2}ax^2+bx$
燕尾型	$\frac{1}{5}x^5+\frac{1}{3}ax^3+\frac{1}{2}bx^2+cx$
蝴蝶型	$\frac{1}{6}x^6+\frac{1}{4}ax^4+\frac{1}{3}bx^3+\frac{1}{2}cx^2+dx$
双曲型脐点	$x^3+y^3+ax+by+cxy$
椭圆型脐点	$x^3-3xy^2+ax+by+c(x^2+y^2)$
抛物型脐点	$x^2y+y^4+ax+by+cx^2+dy^2$

从列表可以看出模式并不**明显**，也没有**明显**的理由说明为什么只出现这7种突变。事实上，对托姆定理的证明本质上利用了多维拓扑、分析和抽象代数的一些非常深刻的结果——正如我所说，数学是一个和谐的整体——即便如此，证明也是非常困难的。

基本突变的几何形状非常美妙。图189显示了计算机绘制的一部分抛物型脐点的截面。①

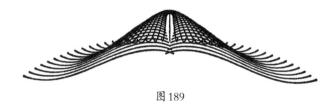

图 189

---

①　'A Geometrical Study of the Elementary Catastrophes', Woodcock and Poston, *Lecture Notes in Mathematics* 373, Springer, 1974 中收录了用计算机绘制的许多突变图。

284   你会发现，齐曼机与托姆列表中的尖点型突变相符。尖点型突变也说明了该理论如何适用于生物学中的问题。

活细胞是一个三维的物质团块。为清晰起见，我将作过度的简化，假设它是一个二维的团块，这会使图像更容易绘制。相应地，我们假设细胞生活在二维的控制空间中。

我们将通过观察某种化学物质的浓度来衡量细胞的行为。（这种化学物质可能是氯化钠，也可能是**DNA**：原理是一样的。）由于细胞可能经历不连续的变化——这正是我们感兴趣的东西——所以某种突变必然与化学浓度对控制的依赖有关。一种可能的模式是尖点型突变。

随着时间的推移，化学物质的浓度会逐渐"漂移"；我们可以让细胞缓慢穿过控制空间来表示这一点。图190显示了细胞发育的四个阶段。

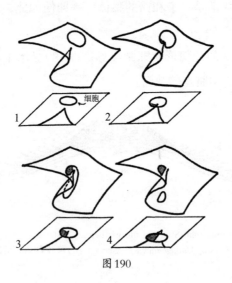

图190

细胞的位置显示在图的下半部分，折叠的曲面表示其化学状态。在最后一张图中，细胞表面有一条明显的不连续线。这条不连续线左边的点处于折叠位置左边，化学物质浓度很高，右边的点浓度很低。

事实上，细胞已经**分裂**成两个不同的细胞，因为这是化学浓度突然变得不连续的唯一方式。

正如我所说，这是一个粗略的简化模型。细胞分裂并非如此简单。但这**正是**托姆所考虑的那种不连续过程，所以我们希望它的每一个阶段都由七种突变中的一种来控制。

这为"细胞为什么分裂"这个问题提供了一种新的答案。"因为其化学状态的拓扑性质使它们不可能**不分裂**。"

我们瞥见了正在发育的胚胎的这样一幅图像：在代表化学变化的某个极其复杂的折叠曲面上逐渐漂移，并且不断分裂；开始在有的地方形成肢体，在另一些地方形成神经、肌肉或骨细胞。这个过程中的每一步都是以七种不同突变之一发生的。

第二十章 基础

一位天文学家、一位物理学家和一位数学家（据说）正在苏格兰度假。他们从火车窗口往外瞥了一眼，看见田野中央有一只黑绵羊。"真有趣，"天文学家说，"所有苏格兰绵羊都是黑色的！"物理学家回答说："不，不！**一些**苏格兰绵羊是黑色的！"数学家则祈求地望着天空，然后吟诵道："在苏格兰至少有一片田野，上面至少有一只绵羊，**它至少有一面是黑色的**。"

数学家（在表现最好的时候）往往很谨慎。定理**应当**是正确的。数学家一想到"显而易见"的东西在很多情况下被证明是错误的，就会打个寒颤。正17边形可以用尺规做出来，但正19边形就不能；球可以从里面翻过来[1]；有理数和整数有相同的个数。在这样一门学科里，谁能责怪他呢？他决定，在定理得到**证明**之前，他必须悬搁判断。

我必须补充一点，并非所有数学家都表现出这样的谨慎，至少世界上最伟大的一些数学家（健在的或已故的）没有。[2]但即使是那些不够谨慎的数学家，通常也意识到自己正处于危险

---

[1]　参见 A. Phillips, 'Turning a Surface InsideOut', Scientific American, May 1966, pp. 112-120。

[2]　不报姓名，没人受罚！

的境地。必须指出，悬搁对一个定理的判断与忽视它有很大区别。任何研究数学的人都必须准备好说："我不太懂，但我先假装懂，看看会有什么结果。"回想起来，困难往往更容易理解。一个人如果坚持在开始迈下一步之前要先理解每一个细节，就可能太过关注他的脚，从而没有意识到走错了方向。开始时总是可以忽视困难，这样才能检查基本的解决方案。然后，如果看起来不错，再去调整细节。

现在可以整理我们前面工作的一些细节了。一面黑一面白 287 的绵羊相当稀有；一般来说，特定的一只羊是否是它最初显示时的样子并不重要。但数学有一种恼人的倾向，要把各种推导垒成一座摇摇欲坠的纸牌屋。移去一张纸牌，整个房屋就会倒塌。在美国太空计划的早期，一枚耗资数百万美元的火箭起飞后不久即爆炸，原来是控制其制导系统的计算机磁带遗漏了一个分号。结构越复杂，一个缺陷造成的灾难就可能越大。

19世纪末20世纪初的数学家开始对数学的基础产生怀疑。谈论"金字塔"结构风靡一时，数学就像一个头朝下的金字塔。几乎所有结果最终都建立在少数假设的基础上。认真考察这些假设，使之成为尽可能坚实的基础，是常见的审慎做法。

害群之马（半黑的绵羊）

弗雷格意识到，"数"这个概念完全缺乏恰当的处理。我们曾在第九章提到，他试图把数建立在坚实的基础上。关键在于把集合分成不同的类，使一个类的所有成员都是等势的。根据实用主义态度B，"这些类表现得和数一样，因此我不妨说它们**就是数**"。

事实上，我们并没有采取这种态度，而是倾向于把数的存在当作一个公理。这是幸运的，因为取所有具有某种性质的集合的集合并不像看起来那么无害。伯特兰·罗素向弗雷格指出了这一点，此时弗雷格刚刚完成其杰作。

设想一个大型图书馆的图书管理员。书架上的书包括一些目录：诗集、参考书、数学书、特大号书……的目录。其中一些目录（比如参考书的目录）列出了自己，另一些目录（诗歌）则没有。为了澄清这种状况，图书管理员决定对所有未列自己的目录进行编目（称之为C）。

288　　　　问题是：目录C列了自己吗？

如果列了，那么它将被列入C，所以它未列自己。如果没列，那么C是未列自己的目录之一，因此必须被列入C。

还记得那位乡村理发师吗？　①

如果这仅仅是一个关于图书管理员的悖论，我们不会陷入麻烦：我们可以在数学中排除所有对图书管理员的提及。但**集合**和目录非常相似，它所列的是它的成员。

集合论版本是这样的：假设B是所有不是其自身成员的集合的集合。那么，B是它自身的成员吗？推理过程和目录的情况是一样的：无论假设什么，我们都会推导出它的反面。

因此，弗雷格使用的集合论是**不一致的**。对于一个理论来

---

①　……给任何不给自己刮胡子的人刮胡子。谁给这位理发师刮胡子？

说，没有什么比这种命运更糟糕了。

唯一的补救措施是抛弃弗雷格那种**素朴的**集合论，寻找一种一致的替代方案。在那种素朴的集合论中，我们给了自己太多许可，因过分的放纵而自食其果。

两种补救措施

为了规避罗素悖论，我们必须改变规则，让这个论证失效。但我们的新规则不能太严格，否则可能得不偿失。

在这个论证中，至少有两个地方的逻辑有些可疑。

首先，我们对集合的构造可能太自由了。如果 B 不是一个集合，那么 B 的"成员资格"也许就没有意义了，所以这个论证无法通过。

其次，我们可能过分依赖于反证法了。倘若非非 p **不同于** p，则反证法不再成立。我们所证明的只是，B 既不是 B 的成员，也**并非**不是 B 的成员，而这两者并不矛盾。

第二种观点的拥护者——所谓的**直觉主义者**——在20世纪 289
30年代尤其有影响。他们的补救措施非常极端，因为如果抛弃反证法，我们将会失去大量数学。直觉主义者在不使用反证法的情况下，不辞劳苦地重建了数学的主要部分，且挽救的东西多得惊人；但尽管如此，还是出现了变化。例如，所有函数都是连续的。

直觉主义者的论证是这样的：非非 p 等同于 p，或者等价地说，p 和非 p 只有一个为真，初看起来**貌似是正确的**。当然，如果p指向有限个对象，那么情况应该是如此，因为我们原则上可以对每一个对象检验p。我们完成之后，要么每一个对象都满足p，所以p为真；要么其中一个不满足p，p为假，所以非p为真。

但如果p指向无穷多个对象，这种选项就不再成立了。我们可以检验任意多个对象，并发现p为真，但我们无法知道，对于一个尚未检验的对象，p是否为假。除非能找到一个适用于所有对象的关于p（或非p）的证明，否则我们就会陷入困境。现在可以设想，p也许对每一个对象都为真，但在每种情况下都有不同的理由———一种无限的巧合。**如果**发生这种情况，我们当然不能否证p。但也不能证明p，因为我们写不出无穷长的证明。

例如，考虑**哥德巴赫猜想**：每一个大于2的偶数都是两个质数之和。这个结论从未被证明，也从未被否证。如果用不同的偶数进行检验，它似乎是成立的：

$$4=2+2 \qquad 18=5+13$$
$$6=3+3 \qquad 20=7+13$$
$$8=3+5 \qquad 22=3+19$$
$$10=3+7 \qquad 24=5+19$$
$$12=5+7 \qquad 26=3+23$$
$$14=3+11 \qquad 28=5+23$$
$$16=5+11 \qquad 30=7+23$$

另一方面，也没有出现可识别的模式。当然，**也许**没有模式存在，但这个猜想仍然可能是正确的。

这种可能性意味着，我们自信地断言"*p*或非*p*为真"其实 290
是形而上学，而不是数学。它基于这样一个假设，即无限个对
象表现得类似于有限个对象。关于无限的奇特行为，我们已经
见过足够多的例子（特别是在第九章），因此这是一个值得怀疑
的假设。

如果这个假设**是**错误的，那么罗素悖论就是我们既不能证
明也不能否证的定理之一。当然，"错误"一词在这里是什么意
思还有待研究——我们不清楚它是否有任何有用的含义。

直觉主义者对"每一个小于10^{100}的偶数都是两个质数之
和"这样的陈述很满意，认为它不是真就是假。但"每一个偶
数都是两个质数之和"这个陈述可能既不真也不假，它属于一
种新的真理——**可疑的**真理。

不那么极端的看法似乎是，应当限制我们构造集合的自由。
在另一种集合论中，[①]有两种不同的类似于集合的对象。首先是
类；它们有元素，而且表现得很像素朴集合。但一个类未必能
够成为另一个类的成员。那些**能够**成为成员的类是**集合**。

这意味着，将一个类定义成

$$C=\{x \mid x\text{有性质}P\}$$

必须被解释为：*C*是所有具有性质*P*的**集合***x*的类。如果*x*具有
性质*P*，那么**除非我们知道*x*是一个集合**，否则不能推出$x \in C$。

在罗素悖论中，论证试图表明，如果$B \notin B$，那么*B*就具有
了定义*B*的元素（即不是自身的元素）的性质，因此它在*B*之

---

① 即冯·诺依曼-伯奈斯-哥德尔集合论。参见 Bernays and Fraenkel, *Axiomatic Set Theory*, North Holland, 1958, p. 31。

中。在我们新的集合论中，除非 B 是一个集合，否则这是推不出来的。

现在我们回头看看罗素悖论。它只是（通过反证法）**证明**，B 不是一个集合。因为如果 B 是一个集合，那么就有了悖论——矛盾。

那些不是集合的类被称为**真类**。罗素悖论证明了它们的存在。另一方面，我们不知道是否有任何**集合**存在。

要想确保集合存在，只有制定公理声称它们存在。简单的公理（对于任何集合论都显然是必需的）声称，Ø 是一个集合，或者两个集合的并集是一个集合，或者两个集合的交集是一个集合。这样我们就构建起一种**公理**集合论。

弗雷格的素朴集合论仿效的是一组实际物体的行为。我们不期望现实世界会自相矛盾（就像人类珍视的许多信条一样，这一信念也可能被证明是毫无根据的），因此期望弗雷格的集合论是一致的。事实并非如此，但归根结底，这是因为它已经偏离了现实领域。

然而，公理集合论从未接近现实世界。在能够成为可以接受的数学基础之前，必须证明它是一致的。在这一点上，物质世界给不了任何保证。需要的是关于一致性的**证明**。

希尔伯特纲领

首先，我们必须决定在证明一致性时可以使用哪些证明方法。显然，我们不能使用自身的一致性可疑的证明方法。

大卫·希尔伯特是最早思考这个问题的人，他认为，一个令人满意的证明必须是这样的：它的技巧必须能够完全指定，或者说，这些技巧是计算机能够实现的。绝不能有任何模糊不清，每一步都必须非常清楚，任何偶然性都要得到解释。

希尔伯特还意识到，**为了证明**，我们必须忽略任何可以附加到数学符号上的意义。应该把数学看成一场按照某些固定规则在纸上用符号玩的游戏。例如有规则说，符号组合1+1可以被符号2替换。如果能够表明，无论游戏如何玩，我们都不能通过一系列合法的步骤产生符号组合0≠0，而且如果能用有限的构造性方法证明这一点，我们就有了一个关于一致性的证明。

假如**确实**出现了0≠0这个符号组合，我们就可以把一系列游戏步骤**解释**成一个对0≠0的证明，因此公理集合论是不一致的。另一方面，如果公理集合论是不一致的，那么存在着一个对0≠0的证明，它给出了一系列游戏步骤。

希尔伯特不仅提出了建议，而且制定了一整套纲领来实现这个证明。为使数学具有尽可能可靠的逻辑基础，只需实现这个纲领。

希尔伯特还对另一个问题感兴趣：是否每个问题原则上都能得到解决。这与直觉主义认为某些问题无法解决有关。希尔伯特的纲领也包括对这一问题的回答：他希望表明，存在着一种明确的程序可以预先判定一个问题能否得到解决。他确信这是可能的。

希尔伯特是当时数学界公认的领袖。但一个受过工程师训练的年轻人库尔特·哥德尔（Kurt Gödel）坚信希尔伯特错了。1930年，他寄出了一篇将要发表的论文，[①]彻底摧毁了希尔伯特纲领。另一位大数学家冯·诺依曼（von Neumann）正在就希尔伯特纲领做一个系列讲座。然而他一读到哥德尔的论文，便取消了余下的课程，转而去讲授哥德尔的工作。

哥德尔证明了两个结论：

（1）如果公理集合论是一致的，则存在着既不能证明也不能否证的定理。

（2）没有任何构造性程序可以证明公理集合论是一致的。

前一结论表明，问题并非总是可解的，即使在原则上也是如此；后一结论摧毁了希尔伯特证明一致性的纲领。据说，希尔伯特听到哥德尔的工作时"大为光火"。

后来的发展表明，破坏比哥德尔想象的还要大。**任何**公理系统，只要它的范围广泛到足以表述算术，就会有同样的缺陷。问题并不在于某种特殊的公理化，而在于算术本身！

哥德尔数

本节和下一节将提供哥德尔定理的证明概要。跳过这两节

---

①　'On Formally Undecidable Propositions of Principia Mathematica and Related Systems I', *Monatshefte für Mathematik und Physik* 38, 1931, pp. 173-198. 见下一注释。

也没有关系。

我们从一个简单的问题开始：算术公式有多少？（所谓"算术公式"是指对字符+、−、×、÷、(、)、=、0、1、2、3、4、5、6、7、8、9的任意组合。）

显然，算术公式有无穷多个。但想想第九章，我们会问：是什么样的无限？可数还是不可数？事实上，公式的集合是可数的。它与整数集$\mathbf{N}$之间存在一个双射。

我们从为字符"编码"开始：

+	−	×	÷	(	)	=	0	1	2	3	4	5	6	7	8	9
1	2	3	4	5	6	7	8	9	10	11	12	13	14	15	16	17

现在，为了编码一个字符串，比如

$$4+7=11$$

我们构成数

$$2^{12} \cdot 3^1 \cdot 5^{15} \cdot 7^7 \cdot 11^9 \cdot 13^9$$

其中2、3、5、7、11、13……是质数序列，12、1、15、7、9、9等幂次是4、+、7、=、1、1这个字符串的编码。

通过这种方式，我们可以将每一个字符串与一个代码相联系，它将是一个整数。

由于因数分解的唯一性，我们可以用它的代码重新构造一个字符串。例如，如果代码是720，那么进行因子分解

$$720 = 2^4 \cdot 3^2 \cdot 5^1。$$

而代码为4、2、1的字符是÷、−、+，所以720是字符串

$$÷ \quad − \quad +$$

的代码。（这不是一个很有意义的字符串，但仍然是一个字符串。）

对于更复杂的字符串，这些数会变得非常大。但每一个字符串都有一个代码，不同的字符串有不同的代码。将字符串按照其代码大小排列，则可以看到，字符串的集合是可数的。

在公理集合论中，我们有更多的字符：∈、∪、∩、{、}，还有用来表示"变量"的字符 x、y、z……。但同样的论证也适用：先对字符进行编码，然后用质数对字符串进行编码。所以在公理集合论中，字符串的集合也是可数的。

对哥德尔定理的证明

本节将使用两个不同的系统：公理集合论 $\mathscr{S}$ 和普通算术 $\mathscr{A}$。系统 $\mathscr{S}$ 是对算术的一种形式化。$\mathscr{S}$ 中有一些字符可以用来构造字符串，$\mathscr{S}$ 的公理告诉我们可以对字符串做什么。

假定对 $\mathscr{S}$ 的安排使得 $\mathscr{S}$ 中的算术字符是按照其通常含义使用的，于是，对字符串 2+2=4 有两种解释：（1）它是 $\mathscr{S}$ 中的一个字符串，没有任何意义；（2）它是一个算术公式。此外，如果 $\mathscr{S}$ 中的字符串可能发生的一系列改变使我们（比方说）得到了字符串 2+2=4，那么相应的算术公式序列将是 $\mathscr{A}$ 中对 2+2=4 的一个证明。

在 $\mathscr{S}$ 中，某些字符串将包含一个数值变量 x，比如以下字符串：

$$x+1=1+x$$
$$x(x-1)=xx-x \tag{†}$$
$$x+x=43。$$

我们对这种字符串特别感兴趣：为了省力，我们把一个包含数值变量x的字符串称为一个**标记**。

如果α是一个标记，t是一个正数，则可以用t来替换α中的x，形成一个新的字符串$[\alpha:t]$（当然，这里t被认为是由1、2、3、……组成的一个字符串）。例如，如果α是标记$x+1=1+x$，$t=31$，则$[\alpha:31]$是字符串31+1=1+31。

每一个标记都有一个哥德尔数。我们把这些标记按顺序排列，并设

$$R(n)$$

为第n个标记，那么对于恰当选择的n，每一个标记都等于某个$R(n)$。

现在我们这样来定义（$\mathscr{A}$中的）一个整数集K：$n \in K$，当且仅当$[R(n):n]$在$\mathscr{S}$中不可证。

例如，要查明是否$3 \in K$，我们找到$R(3)$，比如它是字符串$x+4=0$。用3替换x，得到字符串3+4=0。如果这在$\mathscr{S}$中不可证，则$3 \in K$。

现在$\mathscr{A}$中的公式$x \in K$可以在$\mathscr{S}$中被形式化，并且给出$\mathscr{S}$中的某个字符串S。由于S只包含一个数值变量，所以标记也是如此。对于任何特定的数n，字符串$[S:n]$是算术陈述$n \in K$的一个形式化版本。

由于S是一个标记，所以对于某个q，我们有$S=R(q)$。现在我们表明，字符串

$$[R(q):q] \tag{1}$$

在$\mathscr{S}$中不可证，但与此同时，

$$\text{非}[R(q):q] \tag{2}$$

在$\mathscr{S}$中也不可证。

如果（1）在$\mathscr{S}$中可证，则它在$\mathscr{A}$中的解释为真，$\mathscr{S}$是$\mathscr{A}$的一个形式化，因此$q \in K$。但是根据K的定义，（1）在$\mathscr{S}$中**不可证**。

如果（2）在$\mathscr{S}$中可证，则非（$q \in K$）在$\mathscr{A}$中为真，因此$q \notin K$。由此可知，$[R(q):q]$在$\mathscr{S}$中不可证为假，所以$[R(q):q]$在$\mathscr{S}$中可证。假设$\mathscr{S}$是一致的，则（2）在$\mathscr{S}$中**不可证**。

因此，字符串$[R(q):q]$（这是$\mathscr{S}$中的一个完全明确的字符串）给出了一个既不能证明也不能否证的定理。**这证明了哥德尔第一定理。**

理顺之后你会发现，可以把$[R(q):q]$解释成断言它**自身**是不可证的。它几乎等于说，"本定理是不可证的"，这很像"本句话是假的"。然而，"本定理是不可证的"无法在$\mathscr{S}$中被形式化，因此我们不得不从$\mathscr{S}$到$\mathscr{A}$来回跳。

现在我们可以证明哥德尔第二定理了。假设T是字符串$[R(q):q]$，我们已经看到，它断言自身是不可证的。设W是$\mathscr{S}$中断言$\mathscr{S}$的一致性的任意公式。我们想表明，W在$\mathscr{S}$中不可证。

哥德尔第一定理说，"如果$\mathscr{S}$是一致的，那么T在$\mathscr{S}$中不可证"。我们可以在$\mathscr{S}$中表达这一点。"$\mathscr{S}$是一致的"是我们的公式W；"T在$\mathscr{S}$中不可证"仅仅是T本身，因为T断言它自身是不可证的。因此，在$\mathscr{S}$中表达的哥德尔第一定理的形式是

$$W \text{蕴含} T.$$

如果能在$\mathscr{S}$中证明W，那么就能证明T，但我们知道T不可证，因此W不可证。既然W断言$\mathscr{S}$是一致的，所以不可能证明S在

$\mathcal{S}$中一致。这就是**哥德尔第二定理**。

不可判定性

若详细说明（包括详细说明"构造性程序"是什么意思），哥德尔定理可以得到一个完全无懈可击的证明。[①]虽然（2）对希尔伯特纲领是致命一击，但更有趣的是（1）。它表明，在普通算术中存在一个陈述P，既不能证明P，也不能证明非P。这样的陈述被称为**不可判定的**。

在某种意义上，这是对直觉主义的部分证实，但只有把"可证明"等同于"真"才是如此。对哥德尔定理的证明也同样适用于直觉主义数学。

希尔伯特提出的几个问题与算术一致性问题走了同样的道路。**丢番图方程**是一个多项式方程，比如

$$x^2+y^2=z^3t^3,$$

我们求它的**整数**解。希尔伯特希望有一种方法来检验给定的丢番图方程是否有解。马蒂亚舍维奇（Matijasevič，继戴维斯、普特南和罗宾逊的工作之后）最近证明，[②]这种方法根本不存在，给定的丢番图方程是否有解也许是不可判定的。

马蒂亚舍维奇的证明的一个惊人推论是存在一个有23个变

[①]　哥德尔的论文连同一篇评论的译文见于 Meltzer and Braithwaite, published by Oliver & Boyd, 1962。

[②]　参见 Matijasevič, 'Enumerable Sets are Diophantine', *Soviet Mathematics* ［*Doklady*］11, 1970, pp. 354-358；'Diophantine Representation of the Set or Prime Numbers', ibid. 12, 1971, pp. 249-254。

量的多项式

$$p\left(x_1,\ x_2,\ \cdots,\ x_{23}\right),$$

对于各个变量的整数值来说，p的正值恰好遍历所有质数。竟
然是一个"质数公式"！[①]把这个多项式明确写下来原则上是可
能的，但实际上它太复杂了，我们最多只能给出一个**可能**把它
写下来的程序。而且它在质数理论中不大可能有任何用处。[②]

　　我们在第九章提到过这样一个问题：实数的基数c是$\aleph_0$之
后的下一个基数吗？这就是所谓的**连续统假设**。希尔伯特问，
它是真的还是假的（尽管康托尔是第一个问这个问题的人）。科
恩（Cohen）在1963年的回答[③]是"既是又不是"，它**独立于**集合
论的其他公理。你可以添加一个公理说连续统假设是真的，这

　　①　人们花了大量精力来寻找表示所有质数或至少是只取质数值的公式。（没
有任何多项式能只表示质数。）比如费马的尝试

$$2^{2^n}+1$$

或欧拉的尝试

$$n^2-79n+1601,$$

当$n=0$，……，79 时它都是质数。（但是当$n=80$时它是合数）。通过选择对"公
式"一词的解释，欺骗方式有很多。Dudley, 'History of a Formula for Primes',
American Mathematial Monthly 76, 1969, p. 23 给出了不少参考文献。

　　这些公式不太可能用来研究质数，因为它们几乎提供不了什么真正的洞见：
公式通常要比简单的非形式定义更难处理。应当认为，马蒂亚舍维奇的结论证明了
多项式的复杂性，而不是证明了质数的简单性。

　　一般地，参见 G. H. Hardy, *Pure Mathematics*, Cambridge University Press, 1959
或 H. Davenport, Higher Arithmetic, Humanities, 1968。

　　②　但是参见附录，第 305 页。

　　③　事实上，哥德尔证明了，假设连续统假设为真不会导致集合论中的矛盾（*The
Consistency of the Continuum Hypothesis*, Princeton, New Jersey, 1940）。科恩证明，
假设连续统假设为假同样不会带来矛盾 (*Set Theory and the Continuum Hypothesis*,
Benjamin)。

不会使集合论变得不一致（假设它一开始是一致的！）；你也可以添加一个公理说连续统假设是假的，这同样不会导致不一致。这是非欧几何的一个20世纪版本：通过否认连续统假设，可以得到非康托尔版本的集合论。

尾　声

也许从一开始就应该清楚，希尔伯特纲领不可能成功。它太像一个人试图把自己抬起来了。**任何**知识能在绝对意义上为真吗？但哥德尔工作的价值在于，它超越了纯粹的哲学思辨：它**证明**，关于算术一致性的算术证明是不可能的。

这并不意味着我们找不到其他方法来证明算术的一致性。甘岑（Gentzen）[①]确实证明了这一点，但他的方法涉及**超限归纳法**——我就不详细讲了——当然，**这种方法**的一致性是值得怀疑的。

因此，虽然人们作了各种努力来巩固数学的基础，但它仍然不稳。也许有一天，人们会发现一个无法避免的矛盾，整个学科将会轰然倒塌。但即使在那时，也会有不知疲倦的数学家在废墟中游荡，东修西补，试图将它重新恢复。

因为事实是，直觉永远会战胜纯粹的逻辑。如果各个定理恰当地结合在一起，如果它们能够产生洞见和奇迹，没有人会仅仅因为一些逻辑上的瑕疵就抛弃它们。我们总感觉**逻辑**是可

298

[①]　参见 Mendelson, *Introduction to Mathematical Logic*, Van Nostrand, 1964。

以改变的，而宁愿不去改变定理。

　　高斯称数学为"科学的女王"，我更愿意视数学为一位皇帝。这位皇帝虽然可能没有穿衣服，但仍然比他的廷臣们打扮得更光鲜。

附录 它仍在移动……

"也许没有其他科学能像数学一样，对有数学修养和没有数学修养的人呈现出如此不同的面貌。对后者来说，数学是古老、可敬和完整的，是一套枯燥的、无可辩驳的、清晰明确的推理。而对数学家来说，数学还处于蓬勃发展的青年时期。"

——查普曼（C. H. Chapman），1892年

坚持到这里的读者一定已经有数学修养了，即使他还没有开始做数学。因此，他将认识到，尽管数学可能古老而可敬，但远未完成；并非所有数学都很枯燥，它的推理也并非总是清晰明确或无可辩驳的——现在也不是。然而，说数学蓬勃发展和活力四射或许有些牵强；无论如何，1892年的情况也许已经不见于今天。我在第一章提到，学校里讲授的大多数"现代数学"已经有一个多世纪的历史，这指向了一种可能性：倘若这真的**是**现代数学，那么也许可以断言，井水已经干涸。幸运的是，还没有：和其他许多学科一样，20世纪见证了数学在人类历史上最为迅速和广泛的进展。

　　事实上，数学是如此具有青春活力，以至于已经让我这位谦卑的叙述者感到一丝尴尬。本书的前二十章写于1973年至1974年，并于1975年出版。现在是1980年。甚至早在1977年，就已经有几项发现使这些章需要修改。为此，我可以重写部分内容，但更好的做法是只做必要之事，除了指向这一章的少数线索以外，保持内容不变，补充一个附录更新信息，同时表明数学的发展是多么迅速。

300

　　考察这些年的所有进展既不可行也不可取。单单是对结果进行编目，就需要许多本大部头的书。我的选择与前面讨论的材料有很大关系。因此，它并不能真正代表数学家所从事的各种活动。

　　在第十一章，我轻率地谈到四色问题，说"**如果**这个问题**最终得到**解决，那将是一件憾事"。你可能以为，一个在1852年提出、在1975年尚未解决的问题，会把悬而未决的状态再多**保持**一段时间。然而1976年年中的时候，有人宣布了这个问题的解决方案。虽然不能完全肯定证明已经做出，但由于我将要提到的技术原因，情况似乎如此。本章的下一节将会讲述到目前为止的故事。之后，我们要回顾最近关于质数多项式公式的工作，这些工作否证了我在第二十章的相关说法。最后，我想对第十四章提到的用拓扑来研究动力系统进行扩展。在这方面，一种被称为**奇异吸引子**的拓扑工具突然开始在生态学、地质学和流体动力学中显示出来，生态学家将这种现象命名为**混沌**。一个结果是，决定论行为与随机行为之间无法像人们目前广泛认为的那样划出清晰的界限。

四色定理

在第十一章，我们提出了一个四色问题和一个五色定理。1972年7月22日，伊利诺伊大学的两位数学家肯尼斯·阿佩尔（Kenneth Appel）和沃尔夫冈·哈肯（Wolfgang Haken）宣布，他们证明①任何平面地图都可以用**四种**颜色着色，从而解决了这个历史悠久的问题。其证明存在的困难是涉及漫长的计算时间——他们用了大约1200个小时，而在一台大型机器上，一次检验可能只需要300个小时——而一个错误就可能毁掉整个证明。与流行的观点相反，即使程序员不犯错，计算机也**会犯错**。由此引出的问题既有技术上的，也有哲学上的（由人检验的证明要比用计算机检验的证明准确性更大吗？），而且似乎正在造成未来的一些问题。目前，阿佩尔-哈肯的证明还没有被一个独立的程序完全检验，尽管检验过的那些部分似乎没有错误。撇开哲学不谈，大多数数学家可能都会认为，只要这样一种检验被彻底完成，这个定理就**得到了证明**。但哲学问题很有趣，因为它涉及**逻辑**证明与**令人满意的**证明之间的区别。我还会回到这个话题。

第十一章给出的五色定理的证明本质上是肯普（A. B. Kempe，1879）提出的。让我们简要回顾一下。它利用一个**归**

---

① 参见 K. Appel and W. Haken, 'Every Planar Map is Four Colorable', *Bulletin of the American Mathematical Society* 82, 1976, pp. 711–712。完整的证明发表在 *Illinois Journal of Mathematics* 上。

约过程（涉及若干种不同情况）来表明，只要另一幅区域**较少**的地图可以着色，那么给定的地图就可以着色。反复运用这一过程，由于区域数在每一阶段都会减少，所以我们最终会得到一幅区域数与有色地图相同或更少的地图。**这幅**地图显然是可着色的，于是把归约过程一步步颠倒过来，上一幅也可着色，上一幅也可着色，……一直到原初的那幅地图。

肯普比我们所做的（主张五种颜色）更进了一步：他补充了一个论点，声称证明四种颜色就够了（证明涉及归约过程中的额外情况）。当时的数学家们似乎毫不犹豫地接受了这个"证明"，直到1890年希伍德（P. J. Heawood）才指出其错误。希伍德也指出，我们前面给出的证明仍然只对5-着色有效。

我们证明5-着色的基本策略与阿佩尔-哈肯的证明——甚至是肯普的错误尝试——是相同的。（肯普只是没能正确地完成它。）如果以稍微不同的形式重新构造我们的证明，这一点就会更明显。即通过反证法，假设**确实**存在一幅需要五种以上颜色的地图，于是存在一幅有**最少**可能区域数的地图（在行话来说是一个**极小反例**），比如 M。根据定义，每一幅区域数少于 M 的地图都可以用五种颜色着色。

接下来，我们表明 M **必定**包含构形列表中的至少一种，即图109、110、111、112。然后考虑其中一种构形，并构造一个如下类型的论证。我们表明如何从任何包含它的地图 M 中派生出另一幅区域数较少的地图 M'。这个 M' 的构造使得**如果**它可以5-着色，**那么** M 也可以5-着色。这样一来，着色任务就从 M 转移到了更简单的地图 M'。（我们在第169—173页的证明中指出，M'是通过合并区域从M中得到的。）我们为列表中的每一个构形都构造这样的论证（可能在细节上有所不同）。

当我们把这些想法应用于一个极小反例时会发生什么？根据定义，极小反例有一种非常强大的性质：**每一幅**区域比它少的地图都可以5-着色。因此，无论遇到列表中的什么构形，**较小的地图M'**都可以5-着色。而将着色任务转移到M'的一般论证告诉我们，M本身可以5-着色。只要已知我们列出的构形之一出现在M中，这个论证就是有效的，但我们已经巧妙地选择了列表，使得**每幅地图至少包含一个构形！**因此M至少包含一个构形，**我们把论证应用于那个构形。**因此M可以5-着色。

然而，这与M是反例相矛盾！

更仔细地说：我们最初假设M**不可以**5-着色，而现在已经证明它可以5-着色。因此，**我们最初的假设一定是错误的。**也就是说，M不是极小反例；所以不存在极小反例。因此**根本不存在反例。**（如果没有小的反例，那么大的反例也不可能存在，或者更准确地说，如果存在反例，那么最小的反例就是极小反例。）因此，每幅地图都可以5-着色。

为了简略地把握这个论证，我们引入两个新的术语。我们称一个构形的集合是**不可免的**——如果每张地图都包含这个集合中至少一个构形。如果一个构形无法包含在一个极小反例中，则该构形是**可约的**。这个证明是通过构造一个不可免的可约构形集来实现的。

我们可以在四色问题上尝试同样的方法（请注意，现在的可约性条件是，这种构形不包含在4-着色的任何极小反例中），这就是肯普试图做的事情。在考虑图112时，他（在一个关于重新排列颜色的复杂论证中）犯了一个错误。阿佩尔和哈肯认为，解决这个问题的方法是抛弃那个给他带来麻烦的构形，用一个不同的不可免集来取代肯普的四种可能性。当然，必须添加**几个**新的构形，因为随着构形大小的增长，可能性会迅速增加。找到一个新的不可免集之后，对其可约性进行检验。**如果通不过检验，就抛弃坏的集合，并尝试更多的集合。**你可以看到其中的危险：所尝试的证明是通过追赶自己的尾巴来实现的，只有当它抓住自己的尾巴时才能成功！现在，阿佩尔和哈肯对所需要的构形有了良好的"感觉"，他们成功地想出了某种**的确**能够抓住自己尾巴的东西（至少如果计算正确的话）。不幸的是，他们的不可免集包含1936个构形！现在它已被减少到1877个，但是否还能变得更小是值得怀疑的。

他们的"感觉"是如此之好，以至于用计算机研究这个问题数年之后，他们亲手写下了这个不可免集。可以用计算机来检验不可免性，更重要的是检验可约性。这里面有很多有趣的数学，我就不细讲了。对于中等大小的构形，检验可约性需要巨大的工作量，正是在这里，计算机所花的时间和出错的危险最大。

大家可能以为，这样一个臭名昭著的未解问题得到解决将在数学界引起巨大轰动。在某种程度上确实如此，但这种兴奋很短暂，其总体影响远小于在数学上很重要、但一般人并不那么熟悉的其他问题的解决。我并不是要贬低阿佩尔和哈肯的成就，它很了不起，其影响会持续很长一段时间，但我认为这种描述是相当客观的。有几个理由可以解释为什么这个解决方案有点扫兴。

最直接的理由是，虽然每个数学家都知道四色问题，而且可能偶尔会半心半意地尝试去解决，但它并不是很多数学家**操心**的问题。原因在于，对数学主流而言，答案是4是5似乎无关紧要。没有什么重要的事情取决于它。我们不清楚，如果知道了答案，你能拿它**做**什么。如果知道了结论，在数学中普遍运用的强大技巧并不能得到改进。在拓扑学中，能用几种颜色着色是一个非常次要的问题，更不用说其他数学分支了。话虽如此，我还想补充一句，这并没有减少解决这个问题的**难度**：数学家如果能够达到阿佩尔和哈肯的成就，大概都会感到自豪。

其次是计算机证明是否正确的问题。当你不确定某件事是否已经完成时，你很难对它感到兴奋！多年来有许多自称的解决方案，事后证明都是错误的，这滋生了一定的怀疑。

第三个理由是证明的**本质**，在许多方面它都是最严肃的。在某种意义上，它没有对这个定理**为什么**正确给出令人满意的解释。这固然是因为证明太长了，很难理解，但主要是因为它明显没有结构。答案似乎是一个巨大的巧合。**为什么存在一个**不可免的可约构形集呢？目前最好的答案是：它就是存在。证据：给你，你自己看吧。数学家对隐藏结构的探索和对模式的渴求都破灭了。

你看，数学不只是严格的逻辑。如果不另做很多工作使所涉及的概念变得精确，那么第二章的图1对毕达哥拉斯定理的证明在逻辑上并不严格；但它有直接的**说服力**。结果的正确

304

性——它为真的**必然性**——给人留下了深刻的印象。同样，对五色定理的证明也可以从整体上来理解。即使是很长的证明，

305 抑或数学的所有领域，都可以用这种方法来理解。**令人满意**的证明需要说明一个定理是如何包含在事物的整体结构中的。阿佩尔和哈肯对四色问题可能的确有这样一种理解——我怀疑他们能在没有这种理解的情况下构造出自己的不可免集——但他们的证明并没有将这种理解传达给任何人。

　　这里至少有两种可能性。一种可能性是，我们将找到一种不同的、更有结构的证明。通常会发生这种情况：一旦你知道一个定理是正确的，证明它就要容易得多。（首先，你花费的精力不大可能被浪费。）另一种可能性是（阿佩尔和哈肯认为这种可能性更大），证明的本性反映了问题的本性。它**的确**是一个巨大的巧合。他们进一步推测，未来将会揭示更多同样类型的定理。

　　现在，我不确定四色定理本身是否属于这种类型，尽管它看起来确实是这样，但是当阿佩尔和哈肯暗示这样的定理存在时，他们很有可能是正确的。我们已经看到，与希尔伯特同时代的数学家们普遍认为，每一个正确的定理都必定有一个证明。哥德尔已经表明这种观点是多么幼稚。认为每一个可证明的定理都有一个在思想上令人满意的证明，可能也同样幼稚。

多项式和质数

　　我曾在第二十章提到马蒂亚舍维奇的表示质数的多项式，我说："把这个多项式明确写下来原则上是可能的，但实际上它

太复杂了，我们最多只能给出一个**可能**把它写下来的程序。而且它在质数理论中不大可能有任何用处。"严格说来，这句话对于马蒂亚舍维奇实际发现的多项式仍然是正确的，但它（当时）给我的印象是，**任何**表示质数的多项式都太复杂了，无法明确写下来。

我错了。

关于这些公式在质数理论中的用处，我可能也是错误的——尽管在讨论质数时，使用多项式公式仍然不大可能是最好的出发点——因为从这些公式中可以得出一些前所未知的质数性质。

为了激起你的兴趣，这里有一个质数的多项式公式，由 J. P. Jones、D. Sato、H. Wada 和 D. Wiens 给出。[①]**质数集等同于多项式**

$$(k+2)\{1-[wz+h+j-q]^2-[(gk+2g+k+1)\cdot(h+j)+h-z]^2$$
$$-[2n+p+q+z-e]^2-[16(k+1)3\cdot(k+2)\cdot(n+1)^2+1-f^2]^2$$
$$-[e^3\cdot(e+2)(a+1)^2+1-o^2]^2-[(a^2-1)y^2+1-x^2]^2-[16r^2y^4(a^2$$
$$-1)+1-u^2]^2-[((a+u^2(u^2-a))^2-1)\cdot(n+4dy)^2+1-(x+cu)^2]^2$$
$$-[n+l+v-y]^2-[(a^2-1)l^2+1-m^2]^2-[ai+k+1-l-i]^2-[p$$
$$+l(a-n-1)+b(2an+2a-n^2-2n-2)-m]^2-[q+y(a-p-1)$$
$$+s(2ap+2a-p^2-2p-2)-x]^2-[z+pl(a-p)+t(2ap-p^2-1)$$
$$-pm]^2\}$$

的正值集，其中变量 a、b、c、d、e、f、g、h、i、j、k、l、m、n、

①　参见 J. P. Jones, D. Sato, H. Wada, and D. Wiens, 'Diophantine Representation of the Set of Prime Numbers', *American Mathematical Monthly* 83, 1976, pp. 449-464。

o、p、q、r、s、t、u、v、w、x、y、z 的取值范围是自然数 0、1、2、3、……。

其发明者指出："请注意一个显而易见的悖论。多项式的因式分解！"也就是说，它有因式 $k+2$ 和花括号内的那个怪物。那么，它如何能够表示**不能**因式分解的质数呢？

秘密在于这个大括号里怪异的表达式的形式是 $1-M$，其中 M 是一个**平方和**；因此，无论我们用什么值替换变量，M 都 ≥ 0。我们构造 M 来得到以下性质：

$k+2$ 是质数，当且仅当 $M(k,$ 其他变量$)=0$。　　　　（†）

于是，$(k+2)(1-M)$ 是正的，当且仅当 $1-M$ 是正的，因此 $M=0$。这样因式分解就变成了 $(k+2)(1)$，根据（†），其中 $k+2$ 是质数。悖论解除。

我没有足够的篇幅给出证明，[1]无论如何它是非常技术性的。一些应用和进一步讨论可参见 M. Davis、Yu.Matijasevič 和 J. Robinson 的一篇出色的论文。[2]

混　沌

现代数学的一个飞速发展的分支是拓扑动力系统理论，其

---

① 参见 J. P. Jones, D. Sato, H. Wada, and D. Wiens, 'Diophantine Representation of the Set of Prime Numbers', *American Mathematical Monthly* 83, 1976, pp. 449-464。

② 即 M. Davis, Y. Matijasevič, and J. Robinson, 'Hilbert's Tenth Problem. Diophantine Equations: Positive Aspects of a Negative Solution', in *Proceedings of Symposia in Pure Mathematics 28, Mathematical Developments Arising from Hilbert Problems*, American Mathematical Society, 1976, pp. 323-378。

潜在应用才刚刚开始得以实现，其领导者是美国数学家斯蒂芬·斯梅尔（第十四章在讨论庞加莱猜想时提到过他）。勒内·托姆"突变理论"的数学部分本质上是动力系统理论的一部分：事实上，托姆思想的出发点**就是**动力系统理论，即使他所作的应用和推测不是。

托姆的"基本突变"（第十九章）是动力系统理论学家所谓分叉的最简单的例子，但还有更复杂的类型，托姆称之为"广义突变"。其中一些与种群模型有关，有迹象显示，有更多的应用正在推进之中。因此，我想详细讨论一下这些思想，部分是为了证明突变并非只有基本突变，部分是因其内在兴趣。

考虑一个（理想化的）兔子种群。如果在 t 时刻有 x 只兔子，那么在 $t+1$ 时刻有 $5x$ 只兔子。问：从 100 只兔子开始，在 T 时刻有多少只兔子？模式很清楚：

$t=0$ 时，有 100 只兔子，

$t=1$ 时，有 $5 \cdot 100 = 500$ 只兔子，

$t=2$ 时，有 $5 \cdot 5 \cdot 100 = 2500$ 只兔子，

$t=3$ 时，有 $5 \cdot 5 \cdot 5 \cdot 100 = 12500$ 只兔子，

……

$t=T$ 时，有 $5 \cdots 5 \cdot 100 = 100 \cdot 5^T$ 只兔子。

这便是常见于种群（从细菌到人类）的著名的**指数增长**。对于巨大的 T，它会大得不可思议，连整个宇宙都装不下。以

我们的兔子为例，据粗略估计，[①]114代之后，兔子的总体积将超过可观测宇宙的体积。当然，这个公式很快就会失效：兔子的数量开始超过食物供应能力，出生率下降。兔子数并未呈指数增长，而是开始趋于平缓（饱和），甚至下降。

　　现在可以把指数增长规则表述如下。设x_t为t时刻的兔子数，则

$$x_0=100$$

和

$$x_{t+1}=5x_t$$

最后一个方程被称为一种**递归关系**，因为它用前一时刻t的值表示$t+1$时刻的值。

　　考虑到饱和效应，生态学家对这个方程作了各种修正。所有这些修正都是为了在x_t变大时降低增长率。一种最流行的方法引出了方程

$$x_{t+1}=kx_t\,(1-x_t)$$

这里选择用满足$0 \leqslant x_t \leqslant 1$的单位来测量种群$x_t$。于是$k$是一个常数，且

---

　　① 根据 M. V. Berry, *Principles of Cosmology and Gravitation*, Cambridge University Press, 1976, p. 122, 已知的可观测宇宙直径约为10^{26}米，因此体积为4×10^{78}立方米。兔子的体积至少为10^{-3}立方米。当

$$100\times5^T\times10^{-3}=4\times10^{78},$$

或

$$5^T=4\times10^{79}$$

$$T\log 5=79+\log 4 \quad (\log 以 10 为底)$$

$$T=114$$

时，兔子的总体积等于宇宙的总体积。因此最多过114代，兔子的总体积比宇宙还大。

$$0 \leqslant k \leqslant 4,$$

因为如果 $k>4$，那么当 $x_t=0.5$ 时，$x_{t+1}>1$，而我们对单位的选择已经排除了这种可能。

常数 k 给出了"无限制的"出生率的一个量度，但随着 x_t 接近1，因子 $1-x_t$ 将使增长停止。这也是一个递归关系，不过是**非线性的**，它没有一个用 t 来表示解 x_t 的很好的公式。为了理解它，我们可以试着计算一些数值。表示结果的一种有用方法是用一张**时间序列图**来绘制 x_t 与 t 的关系。图 191（a 和 b）显示了对于 k 的不同值的几张时间序列图。

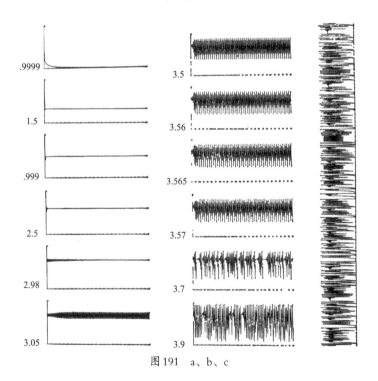

图 191　a、b、c

我们看到，$k=0.9999$时，种群迅速灭绝。$k=1.5$时，它稳定下降到一个值，从图上看，这个值似乎接近0.33。$k=2.5$时，它又稳定下来，但在这个过程中会振荡。$k=3.05$时，它在0.5与0.7之间稳定振荡。$k=3.5$时，也存在一种类似的、不太稳定的振荡，其变化较小，周期长度为4。$k=3.565$时，振荡更加剧烈。$k=3.7$时更是如此。而在$k=4$时，一切模式痕迹似乎都消失了（图191c）。

309　　有袖珍计算器（最简单的就够了）的读者可以对于t的更长时间范围以及不同起点和不同k值计算出x_t的值。他们会发现，图191描绘了这种递归关系的一般行为。当k接近4时，后面几种情形的狂乱行为会无限继续下去，系统似乎永远不会稳定下来。这就是生态学家所说的**混沌**。

　　用袖珍计算器所做的实验固然很好，但它既不能**证明**这种行为将会发生，也不能**解释**为什么会发生。正是在这里，动力系统方法派上了用场。

　　我们实际上是在讨论拓扑学家所谓的**离散**动力系统——而不是连续动力系统——这使解释变得更加简单，但也使这个名字更加模糊不清，因为我们可以把离散动力系统定义成一个**连**

310　　**续**函数$f: X \to X$，其中X是一个拓扑空间。这样一来，我们不过是给已经知道的东西起了一个新奇的名字罢了。但名字的改变带来了重点的改变，因为我们感兴趣的是**如果重复做f会发生什么**。大致说来，f是系统在一个时间单位中如何运动，我们想导出它在多个时间单位之后的行为。

　　例如——这个例子可能太简单了，不能完全代表——假设

X是一个圆盘，f是"旋转1度"。然后连续执行f n次，旋转圆盘一系列1度，使整个角度为n度。可以将这个过程看成一种对连续旋转的离散模拟，该旋转在t时刻将圆盘旋转了角度t。

一般地，我们这样来定义f的**迭代**$f^{(n)}$：

$$f^{(2)}(x) = f(f(x))$$

$$f^{(3)}(x) = f(f(f(x))),$$

等等。于是，X的点x所走的"路径"就是点的序列

$$x, f(x), f^{(2)}(x), f^{(3)}(x), \cdots, f^{(n)}(x), \cdots$$

这一系列点被称为x的**轨道**。为了查明很长时间之后x的去向，我们尝试沿着轨道，描述它在空间中是如何跳跃的。

可能发生一些非常特别但有趣的事情。最引人注目的是x是一个**不动点**即$f(x) = x$的情况。对于上述旋转圆盘，唯一的不动点就是圆盘的圆心。在我们那个非线性递归关系中，当$k = 1.5$时，$x = \frac{1}{3}$是一个不动点，因为$1.5 \times \frac{1}{3} \times (1 - \frac{1}{3}) = \frac{1}{3}$。

接下来讨论的核心是一个相关的概念，即**周期点**。经过f的n次迭代之后，这个点x又回到了初始位置，然后以长度为n的周期重复相同序列的移动。用符号来表示，如果

$$f^{(n)}(x) = x,$$

则x是**周期性的**，它有**周期**n。当然，这等价于$f^{(n)}$的一个不动点。

例如，对于我们的旋转圆盘，**每一个点**x都是周期性的，周期为360，因为$f^{(360)}$旋转了整个360度，使一切都转了一整圈。这显然是不同寻常的，"大多数"离散动力系统的周期点都

不会出现得那么频繁!

（周期为 n 的）周期点的轨道由 n 个点组成（可能有某个较小的 m 使得 $f^{(m)}(x)=x$ 成立，不过对于我们当前的目的而言，这种差别是无关紧要的）。随着时间的推移，如果所有离它足够近的点的轨道越来越接近它，则它被称为**吸引子**；如果离它越来越远，则被称为**排斥子**。（这些精确的概念需要更加仔细的定义，但接下来的例子清楚地说明了所涉及的内容。）周期吸引子的重要性在于，它附近的所有点都有近似周期性的行为，因此对于很长的时间周期，这些点的行为可以被非常精确地描述：我们"知道它们将来会怎样"。排斥子的意义则正好相反：我们很快就会追踪不到它附近的任何不在周期轨道上的点。不过，吸引子和排斥子往往是相联系的，因此在数学上最好同时考虑两者。

我们现在已经掌握了研究那个生态种群模型所需的大部分语言。为了将它设置成一个动力系统，设 X 为单位区间

$$X=\{x \in R \mid 0 \leqslant x \leqslant 1\},$$

并且定义

$$f: X \rightarrow X, \ f(x)=kx(1-x)。$$

这与之前那个递归关系的联系是：在迭代下，

$$x_n=f^{(n)}(x_0)。$$

所以 x_0 的迭代行为由它在 f 下的轨道给出。

拓扑分析[①]是通过考察 f 及其迭代的**图**进行的。一般情况

① 参见 J. Guckenheimer, G. Oster, and A. Ipaktchi, 'The Dynamics of Density-dependent Population Models', 即将发表。

下，*f* 的图有如下形状：

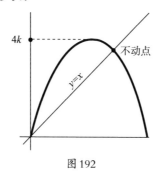

图 192

如图所示，可以把 f 的不动点理解成 *f* 的图与对角线 *y*=*x* 相交的　312
x 的值。此外，迭代 *f* 还有一种生动的图示法，稍后我会进行
说明。

　　首先假设 *k*<1，则 *f* 的图永远不会高过对角线，唯一的不动
点是 0。如图所示，可以通过绘制一个从对角线反弹的"楼梯"
来找到 x_0 的迭代。（弹跳把 *y* 值 *f*（*x*）转移到 *x* 轴，准备再次把 *f*
应用于它。）

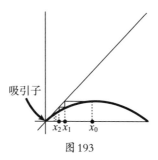

图 193

　　显然，无论取什么起点 x_0，轨道都会沿着楼梯快速移向原点，
因此原点是一个**吸引子**，事实上是**唯一**的吸引子。它的**吸引**

域——移向它的点的集合——是整个 X。这解释了为什么当 $k<1$ 时种群会"灭绝":将图191与 $k=0.9999$ 时的情形进行比较即可。

如果 $1<k<2$,则会出现一个新的不动点,它是一个**吸引子**。原点变成了一个排斥子。

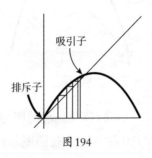

图 194

313　　　　此外,轨道以一种**稳定**的方式接近吸引子,虽然离得越来越近,但并不绕它振荡。试与图191中 $k=1.5$ 的情形进行比较。(我们已经看到,$x=\frac{1}{3}$ 是这种情况下的一个不动点。)

当 $2<k<3$ 时,图是类似的,只是"楼梯"变成了一张绕着交点盘旋的蜘蛛网。不动点仍然是一个吸引子,但现在通向它的路径来回振荡。这正是 $k=2.5$ 时图191中发生的事情。

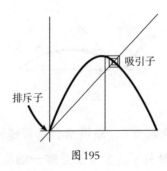

图 195

然而当$k>3$时，蜘蛛网从交点向**外**盘旋。不动点变成了一个**排斥子**，原点处的另一个不动点仍然是一个排斥子。

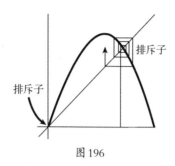

图 196

（通过使用微积分，我们可以看到为什么会这样。曲线

$$y=3x（1-x）$$

与对角线

$$y=x$$

交于$x=2/3$处。在这一点上，它的斜率是

$$\frac{\mathrm{d}y}{\mathrm{d}x}=3-6x=-1$$

这意味着它与对角线垂直相交。$k<3$时角度更小，$k>3$时角度更大。角度的不同决定了盘旋的方向。

因此，该系统一般来说不会趋向于一个不动点。它去了哪里呢？

为了找出答案，我们看看第二次迭代$f^{(2)}$。由简单的计算可得

$$f^{(2)}(x)=f(f(x))=k(kx(1-x))(1-kx(1-x))$$
$$=k^2x-(k^2+k^3)x^2+2k^3x^3-k^3x^4$$

314

图 197a 分别显示了 k 略小于 3、等于 3、略大于 3 时 $f^{(2)}$ 的图。

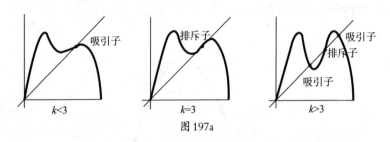

图 197a

我们看到，$k \leqslant 3$ 时 $f^{(2)}$ 有一个不动点，$k > 3$ 时 $f^{(2)}$ 有**三个**不动点。此外，当 $k \leqslant 3$ 时，不动点为吸引子；$k > 3$ 时，中间的一个不动点变成了排斥子，另外两个不动点变成了吸引子。

换句话说，随着 k 经过 3，最初的不动点吸引子分裂成了三块：一个不动点排斥子和一个周期为 2 的周期吸引子。（将图 191 与 $k = 3.05$ 的情况进行比较。这种结果的蜘蛛网图如图 197b 所示。）

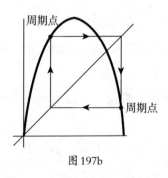

图 197b

　　　　这种现象被称为**分岔**，以把握吸引子的"分裂"。我们可以通过绘制一种新图来说明这种结果：图 198 描绘了对应于周期

点的 x 的值（对于 k）：

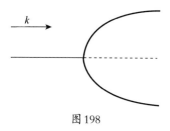

图 198

我们将称它为**分岔图**，以区别于 f 的图或 f 的迭代的图。我们用实线表示吸引子，用虚线表示排斥子（为简化起见，接下来我们不再考虑排斥子）。

随着 k 的进一步增加，新的周期点也经由类似的过程变成了排斥子，不过现在是对于 $f^{(4)}$ 发生。分岔图变成了：

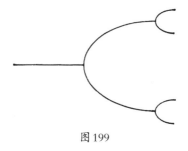

图 199

当我们（大约）达到 $k=3.57$ 时，这个过程已经发生无穷多次了！

接下来会发生什么呢？我将不再绘制解释性的图，因为它们开始变得混乱，而且会占用太多篇幅。但图 200 似乎表明会发生某种不同寻常的事情。我们实际得到的（同时出现的）是：

316

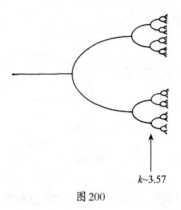

$k\sim3.57$

图 200

317

（1）一个周期为 3 的吸引子。

（2）同时共存的**所有**周期的周期排斥子。

结果是，并非所有的点都趋向于稳定的行为：当它们被一个个排斥子排斥时，其中一些点会发生明显随机的波动。这就是生态学家所发现的"混沌"，[1]图 191 对 $k \geqslant 3.7$ 的情形作了暗示。它并不像人们以为的那么混乱。例如，我们可以计算[2]任意给定周期的周期点的数目（即使它们几乎都是排斥子）。当 $k=3.832$ 时，我们有

1 个不动点（非 0），

3 个周期能除尽 2 的周期点，

———————

① 参见 T.-Y. Li and J. A. Yorke, 'Period Three Implies Chaos', *American Mathematical Monthly* 82, 1975, pp. 985–992。

② 参见 S. Smale and R. F. Williams, 'The Qualitative Analysis of a Difference Equation of Population Growth', *Journal of Mathematical Biology* 3, 1976, pp. 1–4。

4个周期能除尽3的周期点，

7个周期能除尽4的周期点（4个周期为4，3个周期为2）

11个周期能除尽5的周期点，

18个周期能除尽6的周期点（11个周期为6，4个周期为3，3个周期为2），

依此类推，其中左列的数是将之前两个数相加而得到的，就像斐波那契数列一样。[①]这个结果是动力系统的研究者得到的，而不是生态学家得到的！

然而，当$k=4$时，混乱加剧了。周期吸引子根本不存在。整个单位区间变成了一个**奇异吸引子**，轨道以一种明显随机的方式在其中跳来跳去（见图191c）。它不只**看起来**随机：可以对该系统的"统计力学"进行研究，证明它完全具有一个恰当的随机系统所具有的那些统计特性。

这里的"随机"是什么意思呢？这个问题很难回答，因为刚才讨论的现象表明，它并不像我们想象的那么简单。"随机"的意思是没有明显的结构存在，但"平均而言"，我们可以谈论各种事物，比如值在给定范围内出现的频率。但在过去，"随机"包含"不确定"的意思，即如果一个系统完全服从某种规则，那么它就是**决定论的**，否则就是随机的。

然而，这里我们发现了一个决定论系统（它**完全**服从公式 318

---

① 在数列 1，1，2，3，5，8，13，21，……中，每个数都是之前两个数之和。这个数列是 1225 年比萨的列奥纳多（Leonardo of Pisa）（即"斐波那契"［Fibonacci］）在一个关于兔子繁殖的问题中引入的。（递归关系现在是 $x_{n+1}=x_n+x_{n+1}$；读者可以由此重新构造这个问题。）

$x_{n+1}=kx_n(1-x_n)$)），称其行为是随机的要更为合理！事实上，如果只展示某个初始值的一系列迭代，而不**告诉**你公式，你永远也猜不到**有**公式存在。因此，决定论行为与随机行为之间的界线不再那么清晰。

这对于据称是"随机的"自然现象有重要意义。它们**真的**随机吗？而且，现在问这个问题有意义吗？

奇异吸引子和混沌并不仅仅出现在这个特定的系统中。在某种意义上，它们在动力系统中是常规而不是例外。此外，随着变量数目的增加，这些现象可能变得更加奇特。越来越多的证据表明，流体中的湍流也许是奇异吸引子的一种表现。同样，地球磁场的波动，包括磁化方向的突然改变，也可以追溯到同一来源。经济学家们深入研究的那些方程（他们似乎认为这些方程表现得很温和）实际上可以表现出难以捉摸的混沌效应。我无法设想这一切对科学究竟意味着什么，但这种严格技术意义上的混沌肯定会越来越凸显自己的存在。

真实的数学

最后，我想谈一个较为严肃的话题。在本书中，我试图对数学家所做的事情和想法做一些解说。我已经尽可能地不去稀释主题：我认为在这样一本书中包括一些比较先进的主题是合理的。我发现，一般来说，读者们似乎愿意了解当今数学更高领域的一些进展，尽管这有时会带来一些理解上的困难。在我看来，非专业人士似乎总能比通常认为的更能把握一门学科的

精神。科普杂志从不回避基本粒子物理学或分子生物学中一些 319
深奥而复杂的内容，我看不出有什么理由要回避数学中类似的
复杂内容。

然而，一门学科的通俗化并不是真实的东西。通俗化的最
大危险在于，不敏感的读者可能会误把精神当成实质。被称为
"橡皮膜几何学"并通过几个引人注目的例子加以说明的拓扑
学，可以向一个有良好思想准备的人展示广阔的新前景。但如
果作过于字面和狭窄的解释，它听起来可能就像愚不可及的胡
言乱语。拉伸和弯曲！**那有什么用呢？**甜甜圈中的洞！梳理毛
茸茸的球！生活在扭曲条带上的二维生物！多么荒谬！

通俗书籍或文章总会略过在专业人士看来可能是他整个研
究课题中最重要的部分，即那些技术性的苦差事。是的：研究
者的工作方式常常与逻辑相去甚远，他们会跳跃性地得出结论，
把奇怪的问题留到以后解决，用类比的方式进行论证，做出疯
狂而未经证实的猜测。是的：严格的技术性论证通常是事后才
添加的。是的：证明背后的直觉是灵感的真正来源。尽管如此，
技术性的苦差事并不只是事后才想起的东西：**它绝对是整个过
程中必不可少的一部分**。没有它，数学就会崩溃。没有坚实的
技巧框架，没有严格性的约束，数学家的直觉就会失去锐利的
锋芒，变得迟钝而模糊，并逐渐走向萎缩。

许多科学①方法论（从这种技术意义上讲，数学更类似于
科学而不是艺术）被发展出来，以克服人类心灵的致命缺陷，

---

① 我排除了近年来一些自封的"科学"，它们对这个术语的看法已经使之大
大贬值。

其中最严重的缺陷是，人们愿意相信一些几乎毫无根据的东西，之所以相信，仅仅因为如果它们是真的那就太好了。这就是数学严格性的来源：特别是在19世纪，人们试图摒弃数学严格性，并通过物理类比或缺乏根据的习惯性原则进行论证，不幸均以失败而告终。科学发现是有充分根据的，因此才可以在此基础上**继续发展**。牛顿说（这样说并非谦虚）："如果我看得比别人更远，那是因为我站在巨人的肩膀上。"有太多的非科学领域，其目标似乎更多是站在他们脚上。

技术性苦差事的问题在于，除非把它**做出来**，否则就无法理解。同这门学科的粗浅知识和哲学不同，数学拒绝任何解释的企图。因此，我所能做的就是让大家认识到，由以上所述可知，这门学科还有另外一面，特别是，表面上的轻快也许只是一种让困难变得容易理解的方式。数学家和科学家习惯于给复杂概念起简单的名字，或者用异想天开的想象来包装它们，以帮助理解。这不应混同为用行话来模糊一种本质上简单的想法，或者如果仔细分析就会完全消失的想法。"同伦群"听起来像是行话，但对于一种复杂的专业想法而言，这是一个相对简单的概念，没有它，许多现代数学都不可能存在。

"毛球定理"的正确表述是：不存在连续函数 $f: S^2 \to S^2$，它与恒等映射同伦，但没有不动点，这里 S^2 是二维球体。要想理解这一陈述的技术性，需要在连续性、拓扑空间、不动点、同伦等方面有大量准备。**证明**它涉及许多代数拓扑技巧。[①]除非

① 例如参见 C. R. F. Maunder, *Algebraic Topology*, Van Nostrand, London, 1970, p. 131。

你已经理解所有这些细节，否则你甚至不清楚毛球定理是否**说**了什么数学内容。另一方面，如果你记住这个定理说的是一个毛茸茸的球不可能梳得很平滑，那么就能极大地帮助你掌握这些细节。要想做这个领域的**数学**，你**既**需要理解思考定理的各种方式，又需要理解它们之间的关联，以及如何从一种方式转换到另一种方式，从而获得最大的好处。

这并非无谓的小题大做。对于专业人士来说，毛球定理是发展一些方法的关键一步，这些方法实际蕴含着关于微分方程解的存在性等的非常强大的结论。你不可能仅仅通过给狗梳理毛发就能理解**这**方面的内容。

这只是我个人的观点，但我认为"现代数学"在学校里犯下的最严重的错误之一就是忽视了直觉概念与技术细节之间的这种关系。在学校里学习拓扑学也许很有趣，但除非这门课由一个知道拓扑学在数学体系中的位置的人来讲授，这个人知道如何激发学生们对它的兴趣，否则这门课会显得模糊不清和毫无意义；它将缺乏一个令人满意的坚实核心，并**因**这种模糊不清而难以理解；从长远来看，这很可能会让有能力的学生望而却步。但是在学校教学大纲关于"现代"和"传统"数学的刻板印象之间存在着真实的东西，这方面的证据是真正的现代数学从真正的传统数学中不断发展出来：它们都是同一个整体的组成部分。已经有迹象表明，人们越来越重视这一中间立场，这种趋势值得欢迎。与此同时，如果能够摆脱逐渐养成的回避

321

任何困难的习惯，①我们就会取得一些**真正的**进步。

---

①　例如，有人提议这样来扭转远离科学的趋势（在 20 世纪 70 年代中期流行，但在撰写本文时有所减弱）：**让科学变得更容易**！这个问题的"解决方案"乃是基于这样一种信念——也许是真的——学生学习科学的时间之所以变少了，是因为有各种更新、更容易的学科可供选择。它的错误应该是显而易见的：让科学变得更容易，而你培养出来的"科学家"并不具备足够的知识配得上这个名字，因此毫无实际用处。（只有那些**不理解**我关于"技术性的苦差事"的看法的人才会认为，稀释一门科学课程的内容而不产生严重的不良影响是可能的。）不过，我想到了另一种解决方案：我不会明确建议它，但请读者考虑雅可比（Jacobi）的格言：**"始终逆向思考"**。

符号表

≡	（整数的）同余	$f\colon D \to T$	从 D 到 T 的函数 f
（模 c）	以 c 为模数	fg	函数的乘法
∈	成员资格	1_D	D 上的恒等函数
{}	成员是……的集合	**K**	可以作出的数的集合
{x|}	所有 x 的集合，使得……	π	3.14159…
Ø	空集	$[\,x\,]$	与 x 同余的整数集合
⊆	集合的包含	**R** $[\,x\,]$	x 多项式的集合
N	自然数集	Σ	求和符号
Z	整数集	*	群的运算
Q	有理数集	I	群的恒等元素
R	实数集	x'	x 的逆元
C	复数集	x^{-1}	x 的逆元
∪	并集	$\aleph_0, \aleph_1, \aleph_2, \cdots$	无限基数
∩	交集	$\alpha \leqslant \beta$	基数的不等
—	（集合的）差	$\alpha < \beta$	基数的严格不等
V	普遍集合	**c**	实数集的基数
S'	集合论的补集	e	2.71828…
$A \times B$	集合的笛卡尔乘积	$\|x\|$	x 的绝对值
(a, b)	有序对	$\left(\begin{array}{l}\text{若 } x \geqslant 0,\ \text{则} = x, \\ \text{若 } x < 0,\ \text{则} = -x\end{array}\right)$	
R^2	欧几里得平面		
$x!$	x 的阶乘（ $=x \cdot (x-1)(x-2)$	F	地图的面数
	$\cdots 3 \cdot 2 \cdot 1$ ）	V	地图的顶点数

E	地图的边数	$\begin{pmatrix} a & b \\ c & d \end{pmatrix}$	矩阵
$\chi(S)$	曲面的欧拉示性数	$\begin{pmatrix} x \\ y \end{pmatrix}$	列向量
$\chi(N)$	网络的欧拉示性数	$p(E)$	事件E的概率
$[\ ]$	不大于……的最大整数	$\begin{pmatrix} n \\ r \end{pmatrix}$	二项式系数
		B	罗素集合
$p*q$	路径的结合	$\mathscr{S}$	公理集合论
$[p]$	p的同伦类	$\mathscr{A}$	普通算术
$\pi(S)$	S的基本群	$[\alpha{:}t]$	在α中用t来替换的结果
$\mathbf{R}^3$, $\mathbf{R}^4$, $\mathbf{R}^5$, $\mathbf{R}^n$	3、4、5、n维的空间	$R(n)$	用哥德尔数列出的第n个标记
$\pi_n(S)$	S的第n个同伦群		

索 引

作者简介

　　伊恩·斯图尔特（Ian Stewart）生于 1945 年。他在剑桥大学读的本科，在华威大学读的博士，现在是那里的数学教授。他曾在德国（图宾根）、新西兰（奥克兰）和美国（康涅狄格州斯托尔市和得克萨斯州休斯顿市）担任过访问职位。

　　斯图尔特博士是一位活跃的数学研究者，发表论文超过 90 篇。他目前的兴趣集中在对称性对动力学的影响，以及在模式形成和混沌中的应用，包括流体动力学、数学生物学、化学反应、电子电路和动物运动等领域。他对介于纯粹数学与应用数学之间的问题特别感兴趣。他是华威大学跨学科数学研究项目的主任，也是欧洲分叉理论组（一个研究网络）的协调员。他著有多部研究著作，包括《分叉理论中的奇点和群》（*Singularities and Groups in Bifurcation Theory*，与马丁·戈鲁比茨基［Martin Golubitsky］和戴维·谢弗［David Schaeffer］合著），以及《突变理论及其应用》（*Catastrophe Theory and Its Applications*，与提姆·波斯顿［Tim Poston］合著）。

　　他目前的写作以科普为中心。他最近的一本书是与生物学家杰克·科恩合著的《混沌的瓦解》（*The Collapse of Chaos*），该书融合了数学、发育生物学、进化论和人类学。他出版了 60

多本书，包括《上帝掷骰子吗？》(*Does God Play Dice*，其英文版销量超过10万册，并且被翻译成13种语言)、《数学问题》(*The Problems of Mathematics*)、《游戏、集合与数学》(*Game, Set & Math*)、《令你上瘾的美妙数学》(*Another Fine Math You've Got Me Into*)，以及《可怕的对称：上帝是几何家吗？》(*Fearful Symmetry: Is God a Geometer?*，与马丁·戈鲁比茨基合著)；早期著作包括三本以法语出版的数学漫画书：《哦！突变！》(*Oh! Catastrophe!*)，《分形》(*Les Fractals*) 和《啊！美妙的群》(*Ah! Les Beaux Groupes*)。

他为欧洲和美国的各种报纸杂志撰稿，包括《新科学家》《科学美国人》《科学》和《发现》。他是《新科学家》的数学顾问，也是《大英百科全书》的顾问。他为《科学美国人》撰写双月刊专栏"数学娱乐"，还为法语、德语和西班牙语版撰写专栏。此外，他还写科幻小说，在《奥秘》(*Omni*) 和《模拟》(*Analog*) 杂志上发表了18篇短篇小说。

他是英国电台的常客，曾为英国广播公司编写和主持一个广播节目《混沌！》(*Chaos!*)，并且在加拿大广播公司的《巧合与夸克》(*Quirks and Quarks*) 中主持一档常规的益智游戏。他曾出现在英国电视台的"春分"(在美国叫作"新星") 系列里的《混沌》和《反混沌》两集节目；《大卫·莱特曼晚间秀》；Antenna 电视台关于"两种文化"的一集节目；科学系列片《岩石的真相》(*Reality on the Rocks*)；一次关于"科学中的女性"的辩论；以及两个独立制作的节目，《无限之色》(*The Colours of Infinity*) 和《混沌》(*Chaos*)。

　　他是美国数学学会、美国科幻和幻想作家协会、美国科学促进会、美国数学协会、美国自然博物馆、纽约科学院、国际跨学科对称性研究学会、剑桥哲学学会、伦敦数学学会、数学及其应用研究所等机构的成员。

译后记

半个多世纪以前，"新数学"风靡英国课堂。它不仅教学生如何对数进行演算、对公式进行操作，而且教学生如何掌握数学的基本概念。起初，这给老师、学生和家长造成了不小的混乱。但自那以后，"新数学"的消极方面渐渐被消除，其积极要素被吸收到课堂教学中。

在这本引人入胜的经典科普书中，著名英国数学家斯图尔特用清晰流畅、幽默风趣的语言阐明了群、集合、子集、拓扑、布尔代数等"新数学"的基本概念。斯图尔特教授认为，对这些概念的理解是把握数学的真正本质（特别是纯粹数学的力量、美和效用）的最佳途径。作者对函数、对称、公理学、计数、拓扑学、超空间、线性代数、实分析、概率论、计算机、现代数学的应用等主题进行了清晰而发人深省的讨论。读者不需要任何高等数学背景，只需对代数、几何和三角学略知一二，便可读懂本书的大部分内容。读罢此书，读者会更清楚地理解现代数学家对图形、函数和公式的看法，以及"新数学"的基本思想如何有助于领会数学的本质。

但不得不说，书中某些内容对普通读者来说还是比较艰深的，特别是在后半本书中，不少内容可能至少数学专业的本科生才能完全看懂。我在翻译过程中也遇到了一些不解之处，感谢曾在清华大学数学科学系就读的两位学友陈钇帆博士和林国昌博士帮我解决了这些难点，并提出了一些宝贵的修改意见。此外还要感谢责编方婧之对清样所作的极为细致的检查和修改，使我省去了许多辛劳。尽管如此，书中字母、符号、公式、图形令人眼花缭乱，有些文字也不大好懂，中译本肯定还包含一些错误，恳请读者不吝指出。

张卜天

清华大学科学史系

2020年11月5日

图书在版编目（CIP）数据

现代数学的概念 /（英）伊恩·斯图尔特著；张卜
天译 . —北京：商务印书馆，2023（2024.10 重印）
（世界科普名著译丛）
ISBN 978-7-100-20021-9

Ⅰ.①现… Ⅱ.①伊… ②张… Ⅲ.①数学教学—教
学研究 Ⅳ.① O1-4

中国版本图书馆 CIP 数据核字（2021）第 114076 号

世界科普名著译丛
现代数学的概念
〔英〕伊恩·斯图尔特 著
张卜天 译

商 务 印 书 馆 出 版
（北京王府井大街 36 号 邮政编码 100710）
商 务 印 书 馆 发 行
北京通州皇家印刷厂印刷
ISBN 978 - 7 - 100 - 20021 - 9

2023 年 3 月第 1 版　　　开本 850×1168　1/32
2024 年 10 月北京第 4 次印刷　　印张 12⅞
定价：88.00 元